Meyer
Operationsverstärker
und ihre Anwendung

Weitere Bücher in der Reihe ELEKTRONIK–APPLIKATIONEN:

Lineare Spannungsregler und ihre Anwendung
Helmut Meyer
ISBN 3-7905-0560-9

Transistoren und ihre Anwendung
Helmut Meyer
ISBN 3-7905-0652-4

Leistungs-Operationsverstärker und ihre Anwendung
– Grundlagen und Schaltungstechnik –
Helmut Meyer
ISBN 3-7905-0580-3

Röhrentechnik ganz modern (2. Auflage)
Winfried Knobloch
ISBN 3-7905-0660-5

Leistungs-OP-Praxis
60 Schaltungen für Entwicklung und Labor
Siegfried Wirsum
ISBN 3-7905-0602-8

Audio-Schaltungs-Design
Siegfried Wirsum
ISBN 3-7905-0629-X

LWL-Schaltungen
Siegfried Wirsum
ISBN 3-7905-0637-0

DC-Stromversorgung
Siegfried Wirsum
ISBN 3-7905-0651-6

Helmut Meyer

Operations-verstärker und ihre Anwendung

Mit 116 Abbildungen und
21 Tabellen

2., überarbeitete Auflage

Pflaum Verlag München

Die Deutschen Bibliothek - CIP-Einheitsaufnahme

Meyer, Helmut:
Operationsverstärker und ihre Anwendung : mit 21 Tabellen / Helmut Meyer. - 2. überarb. Aufl. - München ; Bad Kissingen ; Berlin ; Düsseldorf ; Heidelberg ; Pflaum, 1994
ISBN 3-7905-0659-1

ISBN 3-7905-0659-1

Copyright 1994 by Richard Pflaum Verlag GmbH & Co. KG, München · Bad Kissingen · Berlin · Düsseldorf · Heidelberg
Alle Rechte, insbesondere die der Übersetzung, des Nachdrucks, der Entnahme von Abbildungen, der Funksendung, der Wiedergabe auf fotomechanischem oder ähnlichem Wege und der Speicherung in Datenverarbeitungsanlagen bleiben, auch bei nur auszugsweiser Verwertung, vorbehalten.

Die Wiedergabe von Gebrauchsnamen, Handelsnamen, Warenbezeichnungen usw. in diesem Werk berechtigt auch ohne besondere Kennzeichnung nicht zu der Annahme, daß solche Namen im Sinne der Warenzeichen- und Markenschutz-Gesetzgebung als frei zu betrachten wären und daher von jedermann benutzt werden dürften.

Satz: Typospezial Ingrid Geithner, Erding
Druck: Pflaum Verlag München
Bindearbeiten: Buchbinderei Franz Schiller, München

Vorwort zur 2. Auflage

Die Elektronik ist ohne integrierte Schaltungen heute nicht mehr denkbar. Man versteht darunter Bausteine, in denen aktive und passive Bauelemente — also Transistoren und Dioden sowie Widerstände und Kapazitäten — in großer Anzahl zusammengefaßt sind. Sie stellen in der Regel vollständige Funktionseinheiten dar.

Eine bedeutende Gruppe darunter bilden die Operationsverstärker. Sie arbeiten im Gegensatz zu den Digitalschaltkreisen analog und gehören so zu den Analogschaltungen. Früher wurden sie hauptsächlich zum Ausführen von Rechenoperationen benutzt, woraus sich ihr Name erklärt. Heute wendet man sie in allen Bereichen der Elektronik an.

Bei Analogschaltungen ist bekanntlich der Wert des Ausgangssignals innerhalb des jeweiligen Arbeitsbereiches verhältnisgleich dem des Eingangssignals. Digitalschaltungen liefern dagegen ein Ausgangssignal, das in Abhängigkeit vom Eingangssignal nur zwei definierte Zustände annehmen kann, nämlich „0" und „1".

Das vorliegende Buch befaßt sich mit Operationsverstärkern und deren Anwendung. Es gibt davon inzwischen so zahlreiche und für die verschiedensten Aufgaben zugeschnittene Typen, daß es geboten erscheint, sowohl dem beruflich Interessierten als auch dem Amateur eine umfassende Zusammenstellung praktischer Anwendungsbeispiele in die Hand zu geben. Diese sollen auch als Anregung zu selbständiger eigener Entwicklung von Schaltungen dienen.

Zunächst wird über integrierte Schaltungen allgemein und über Operationsverstärker im besonderen gesprochen, fernerhin über praktische Grundlagen. Danach werden dem Leser erprobte und bewährte Schaltbeispiele aus fast allen Bereichen der Elektronik vorgestellt. Zum tieferen Verständnis ist auch deren Wirkungsweise beschrieben, ebenso sind Daten und Meßwerte genannt.

Vorwort

Für die liebenswürdige Unterstützung meiner Arbeit durch Überlassen von technischen Unterlagen danke ich recht herzlich den Firmen Analog Devices GmbH, Conrad Electronic, Gould Electronics GmbH, Intermetall ITT, Intersil, Neuberger Meßinstrumente GmbH, Siemens AG, Telefunken electronic, Texas Instruments Deutschland GmbH und Valvo.

Meinem Sohn Dr. rer. nat. Gerald Meyer danke ich für die gründliche und sorgfältige Entwicklung eines Teils der beschriebenen Schaltungen.

Helmut Meyer

Hinweis

Die Schaltungen in diesem Buch werden allein zu Lehr- und Amateurzwecken und ohne Rücksicht auf die Patentlage mitgeteilt. Eine gewerbliche Nutzung darf nur mit Genehmigung des etwaigen Lizenzinhabers erfolgen.

Trotz aller Sorgfalt, mit der die Schaltungen und der Text dieses Buches erarbeitet und vervielfältigt wurden, lassen sich Fehler nicht völlig ausschließen. Es wird deshalb darauf hingewiesen, daß weder der Verlag noch der Autor eine Haftung oder Verantwortung für Folgen welcher Art auch immer übernimmt, die auf etwaige fehlerhafte Angaben zurückzuführen sind. Für die Mitteilung möglicherweise vorhandener Fehler sind Verlag und Autor dankbar.

Inhalt

1	**Praktische Grundlagen**	11
1.1	Gehäuseformen integrierter Schaltungen	11
1.2	Daten von Operationsvertärkern	12
1.3	Aufbau der Schaltungen	16
1.4	Stromversorgung	18
1.5	Dezibeltabelle	19
1.6	Zehnerpotenzentabelle	21
2	**Verstärker, allgemein**	22
2.1	Nichtinvertierender Verstärker	22
2.2	Spannungsfolger	26
2.3	Verstärker mit Spannungsfolger	28
2.4	Invertierender Verstärker	30
2.5	Differenzverstärker	31
2.6	Breitbandverstärker, invertierend	34
2.7	Breitbandverstärker, nichtinvertierend	36
2.8	Verstärker mit FET-Eingang	37
2.9	CMOS-Verstärker	39
3	**NF-Kleinleistungsverstärker**	41
3.1	Rauscharmer Vorverstärker	41
3.2	Vorverstärker mit Höhen- und Tiefeneinstellung	44
3.3	Leitungsverstärker	46
3.4	7-W-Verstärker	48
3.5	12-W-Verstärker	50
4	**Meßschaltungen**	53
4.1	Einweg-Meßgleichrichter, nichtinvertierend	53
4.2	Einweg-Meßgleichricher, invertierend	54
4.3	Vollweg-Meßgleichrichter	55

Inhalt

4.4	Voltmeter mit Elektrometerverstärker	58
4.5	Millivoltmeter	59
4.6	Mikroamperemeter	60
4.7	Strom/Spannungs-Wandler	62
4.8	Spannungs/Strom-Wandler	64
4.9	Spannungs/Strom-Wandler für geerdeten Lastwiderstand	65
4.10	Spannungs/Frequenz-Wandler	66
4.11	Frequenz/Spannungs-Wandler	70
4.12	Temperaturmeßgerät mit Temperatur/Spannungs-Wandler	72

5 Oszillatoren 74

5.1	Multivibrator	74
5.2	Taktgenerator mit Periodendauer 5 µs...2 min	75
5.3	Rechteckgenerator mit einstellbarem Tastverhältnis	76
5.4	LC-Oszillator	78
5.5	Quarzoszillator	81
5.6	Sinusgenerator mit Wien-Robinson-Brücke	83
5.7	Sägezahngenerator	87
5.8	Dreieck-Rechteck-Generator	88
5.9	Dreieck-Rechteck-Generator mit verbesserten Eigenschaften	89
5.10	Dreieck-Rechteck-Generator mit CMOS-Baustein	90

6 Begrenzer 93

6.1	Begrenzer mit Ausgangssteuerung	93
6.2	Begrenzer mit Gegenkopplungssteuerung	94
6.3	Einstellbarer Begrenzer	95
6.4	Präzisionsbegrenzer	96

7 Zeitgeber 99

7.1	Wischimpulsrelais	99
7.2	Zeitglied mit Komparator	100
7.3	Timer mit Miller-Integrator	101

8 Elektronische Schalter 103

8.1	Schmitt-Trigger, invertierend	103
8.2	Schmitt-Trigger, nichtinvertierend	106

	8.3	Komparator	108
	8.4	Spannungswächter	109
	8.5	Stromwächter	110
	8.6	Alarmanlage	110
	8.7	Prellfreier Schalter	112
9	**Rechenschaltungen**		**114**
	9.1	Addierer, invertierend	114
	9.2	Addierer, nichtinvertierend	115
	9.3	Subtrahierer	116
	9.4	Integrierer, invertierend	117
	9.5	Integrierer, nichtinvertierend	120
	9.6	Differenzierer, invertierend	121
	9.7	Differenzierer, nichtinvertierend	123
10	**Aktive Filter**		**125**
	10.1	Tiefpaß 1. Ordnung	125
	10.2	Hochpaß 1. Ordnung	128
	10.3	Tiefpaß 2. Ordnung	130
	10.4	Tiefpaß 2. Ordnung nach Butterworth	130
	10.5	Hochpaß 2. Ordnung	132
	10.6	Hochpaß 2. Ordnung nach Butterworth	132
	10.7	Tiefpaß 3. Ordnung nach Bessel	133
	10.8	Bandpaß 2. Ordnung	134
	10.9	Bandsperre	138
	10.10	Selektiver Verstärker	140

Sachverzeichnis ... 142

1 Praktische Grundlagen

1.1 Gehäuseformen integrierter Schaltungen

Integrierte Schaltungen sind in Standardgehäusen untergebracht, die je nach Art des betreffenden ICs verschieden viele Anschlüsse besitzen.

Am häufigsten kommt das Dual-In-Line-Gehäuse (DIL-Gehäuse) vor. Es ist rechteckig und oben mit einer Markierung versehen, die als Anhaltspunkt für die Numerierung der Anschlüsse dient. Dual-In-Line-Gehäuse — oft auch als Kunststoff-Steckgehäuse bezeichnet — gibt es in 4- bis 64poliger Ausführung. Operationsverstärker im DIL-Gehäuse weisen im allgemeinen 8, 14 oder 16 Anschlüsse auf. Deren Abstands-Rastermaß beträgt in der Breite 7,62 mm, in Längsrichtung 2,54 mm (*Bild 1.1*). Bei Dual-In-Line-Gehäusen mit mehr als 20 Anschlüssen beläuft sich das Rastermaß in Querrichtung auf 10,16 bzw. auf 15,24 mm, in Längsrichtung gleichfalls auf 2,54 mm. Die Zählweise der Anschlüsse ist ebenfalls aus Bild 1.1. zu ersehen.

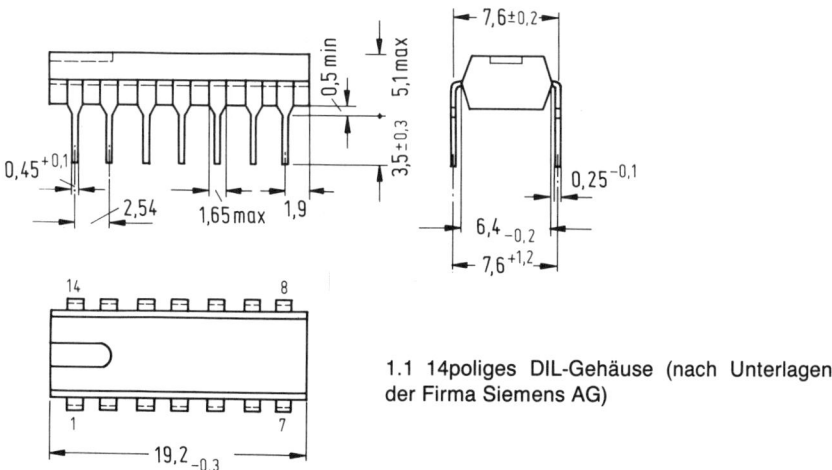

1.1 14poliges DIL-Gehäuse (nach Unterlagen der Firma Siemens AG)

1 Praktische Grundlagen

DIL-Gehäuse bestehen zumeist aus Plastik, vereinzelt aus Keramik. Die Plastikgehäuse werden auch als DIP-Gehäuse bezeichnet. Weiterhin gibt es die Metallgehäuse, die eine runde Form und etwa 13 mm lange Anschlußdrähte besitzen. Sie weisen 4 bis 14 Anschlüsse auf. Am gebräuchlichsten sind die 8- und die 10poligen Typen. Die Drähte sind im allgemeinen bei Betrachtung von unten her im Uhrzeigersinn numeriert. Markierungspunkt für den Anschluß mit der höchsten Ordnungszahl ist eine kleine Nase am unteren Gehäuserand (*Bild 1.2*).

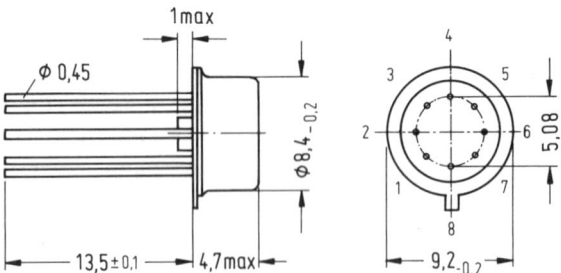

1.2 8poliges Metallgehäuse (nach Unterlagen der Firma Siemens AG)

Integrierte Schaltkreise können grundsätzlich unmittelbar in den Schaltungsaufbau eingelötet werden. Für ICs im DIL- und im Metallgehäuse gibt es auch Fassungen zum Einstecken. Diese bieten den Vorteil, daß sich die Bausteine leicht auswechseln lassen.

1.2 Daten von Operationsverstärkern

Wie für alle anderen Halbleiter-Bauteile geben die Hersteller auch für Operationsverstärker Grenz- und Kenndaten an.

Unter den Grenzdaten versteht man diejenigen Werte, mit denen man den betreffenden Schaltkreis maximal beaufschlagen darf, ohne ihn zu beschädigen. Man gibt hier in erster Linie die Speisespannung U_b an, die Eingangsspannung U_i bzw. die Differenzeingangsspannung $\pm U_{id}$, den Aus-

1.2 Daten von Operationsverstärkern

gangsstrom I_Q, die Verlustleistung P_{tot} und den zulässigen Umgebungstemperaturbereich T_u.

Als Kenndaten werden im wesentlichen die Leerlauf-Stromaufnahme, das heißt der Ruhestrom I_b, genannt, der Eingangswiderstand R_i, der Ausgangswiderstand R_Q und die obere Frequenz f, bis zu der die Funktion des betreffenden Bauteils gewährleistet ist.

Hinzu kommen die Eingangsnull- oder Offsetspannung U_{io} sowie der Eingangsnull- oder Offsetstrom I_{io} und gegebenenfalls der Ausgangskurzschlußstrom I_{Qs}. Ein weiteres Kriterium ist der Eingangsruhestrom I_i, kurz oft Eingangsstrom genannt. Er wird auch als Biasstrom I_B bezeichnet. Fernerhin werden die Gleichspannungs-Leerlaufverstärkung v_o sowie die Frequenz f_1 angegegeben, bei der die Leerlaufverstärkung auf 1 zurückgeht.

Die Frequenz f_1 wird oft auch als Verstärkungsbandbreite-Produkt B_1 bezeichnet.

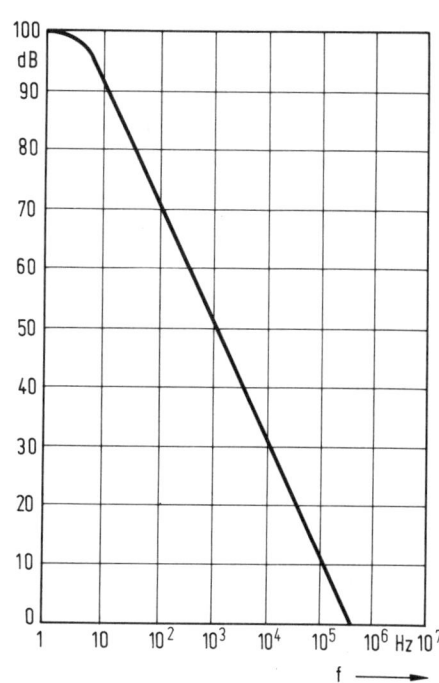

1.3 Leerlauf-Spannungsverstärkung v_o in dB des Operationsverstärkers 741 (nach Unterlagen der Firma Siemens AG)

1 Praktische Grundlagen

In welcher Weise die Verstärkung mit zunehmender Frequenz abnimmt, hängt vom Typ des betreffenden Operationsverstärkers ab (Bild 1.3). In manchen Fällen gibt man noch die Anstiegsgeschwindigkeit $\frac{dU_Q}{dt}$ des Ausgangssignals an. Maßeinheit ist das Volt/Mikrosekunde (V/μs).

Bei einem idealen Operationsverstärker beträgt die Ausgangsspannung U_Q exakt Null, wenn sich die Spannungsdifferenz U_{id} zwischen dem invertierenden und dem nichtinvertierenden Eingang ebenfalls auf Null beläuft. Dieser Zustand läßt sich indessen bei einem realen Operationsverstärker wegen stets vorhandener kleiner Unsymmetrien der Eingänge nie erreichen. Um die Ausgangsspannung hier genau auf Null zu bringen, muß die Differenzeingangsspannung U_{id} einen ganz bestimmten Wert aufweisen, der in der Größenordnung von Millivolt liegt. Es ist dies die Eingangsnull- oder Offsetspannung U_{io}, von der oben die Rede war. Der durch die Spannung U_{io} im Verstärkereingang hervorgerufene Strom ist der erwähnte Eingangsnull- oder Offsetstrom I_{io}.

Manche Operationsverstärker sind kurzschlußfest ausgeführt. Dies bedeutet, daß bei versehentlicher Überlastung zwar ein erhöhter Ausgangsstrom I_{Qs} fließt, der aber auf einen unschädlichen Wert begrenzt bleibt.

Typen, Funktionen und Hersteller der in diesem Buch benutzten Operationsverstärker sind in nachstehender Tabelle zusammengefaßt. Aus Spalte 4 geht hervor, in welchem Buchabschnitt jeweils nähere Angaben über den betreffenden Schaltkreis zu finden sind.

OP bedeutet Operationsverstärker; statt OP wird manchmal auch die Abkürzung OV bzw. OPV benutzt. Die Herstellerfirmen sind ohne Anspruch auf Vollständigkeit angegeben. (Mot = Motorola, NSC = National Semiconductor Corporation, Siem = Siemens, TI = Texas Instruments)

1.2 Daten von Operationsverstärkern

Type	Funktion	Hersteller	Angaben
709 (= TAA 521 A)	OP, bipolar	TI, Siem	5.3
741 (= LM 741 = TBA 221 B)	OP, bipolar	NSC, SGS, Siem, TI	2.1
747 (= UA 747 = TBB 0747 A)	Doppel-OP, bipolar	TI, Siem	5.8
748 (= LM 748 = TBB 0748 B)	OP, bipolar	SGS, TI, Siem	4.11
ICL 7611 DCPA	CMOS-OP	Intersil, Maxim	2.9
ICL 7621 DCPA	CMOS-Doppel-OP	Intersil, Maxim	5.10
LF 355 N	JFET-OP	Mot, NSC, Siem	2.5
LF 356 N	JFET-OP	Mot, NSC, Siem	2.2
LF 357 N	JFET-OP	Mot, NSC, Siem	2.8
LM 311 P	Komparator, bipolar	TI	5.6
LM 318 P	OP, bipolar	TI	2.6
NE 5534 N (= TDA 1034 B = XR 5534)	OP, bipolar, rauscharm	Valvo	3.1
TBA 810 AS	NF-Verstärker	Telefunken	3.4
TDA 2030	NF-Verstärker	Telefunken	3.5
TL 080 CP (= 1/2 TL 082 P)	JFET-OP	SGS, TI	3.2
TL 084 CN	Vierfach-JFET-OP	SGS, TI	3.3
UA 733 CN	Differrential-OP, bipolar	TI	5.5
UA 777 CP	OP, bipolar	TI	4.12

1 Praktische Grundlagen

1.3 Aufbau der Schaltungen

Einige der nachstehend beschriebenen Schaltungen sind Standardgeräte, die der Praktiker bei seiner Arbeit immer wieder benötigt. Es empfiehlt sich daher, diese für den Dauergebrauch in handelsübliche Gehäuse einzubauen.

Der größere Teil der Schaltbeispiele ist mehr für Lehr- und Übungszwecke bestimmt. Ein ständiger praktischer Gebrauch kommt nur bei jenen davon in Betracht, für die der Leser sich individuell interessiert. Die reinen Experimentierschaltungen hingegen werden zweckmäßigerweise so aufgebaut, daß Montage und Demontage mit möglichst geringem Arbeitsaufwand durchführbar sind. Danach soll mit gleich wenigem Aufwand die nächste Schaltung erprobt und durchgemessen werden können.

Hierzu erwies sich ein System mit einseitig kaschierten Lötpunkt-Lochrasterplatten 100 x 160 mm², Rastermaß 2,5 x 2,5 mm², als vorteilhaft.

1.4 Lötpunkt-Lochrasterplatte mit Abstandsbolzen zum beidseitigenAufstellen

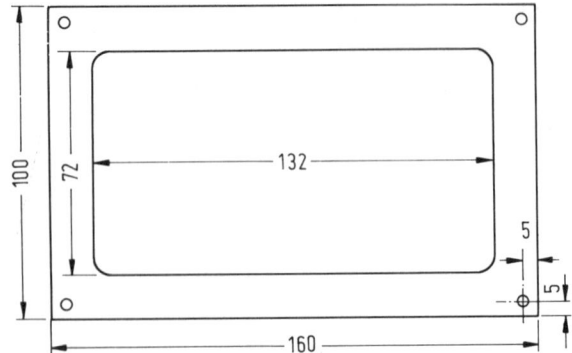

1.5 Aluminiumrahmen zum Versteifen von Lochrasterplatten

1.3 Aufbau der Schaltungen

Die einzelnen Bauelemente werden von der kupferfreien Seite her in die Platte eingesetzt und auf der anderen Seite verlötet. Integrierte Schaltungen werden in zuvor eingelötete Fassungen gesteckt. Da deren Rastermaß mit 2,54 mm ein wenig größer als das der Platten ist, muß man die Löcher manchmal etwas aufbohren, um die Fassungen leicht einsetzen zu können. Als Verbindungsleitungen eignen sich isolierte Schaltdrähte und die sogenannten Fädeldrähte. Letere haben den Vorteil, daß man sie nicht abzuisolieren braucht. Sie sind mit einem Isolierlack von etwa 600 V Spannungsfestigkeit versehen, der beim Löten schmilzt. Die Leitungen werden auf der den Bauteilen gegenüberliegenden Plattenseite angebracht. Kürzere Verbindungen kann man auch mit blankem Schaltdraht herstellen.

Im einfachsten Fall versieht man die Platten an jeder Ecke mit einem Abstandsbolzen mit Innen- und einem solchen mit Außengewinde M 3 (*Bild 1.4*). Man kann sie dann beliebig aufstellen, ohne daß sie auf den Bauteilen bzw. auf der Verdrahtung aufliegen.

Ein gewisser Nachteil ist, daß sich die Platten so leicht durchbiegen. Vorteilhafter ist es, sie durch einen Rahmen aus Aluminiumblech von 1,5...2 mm Dicke zu versteifen (*Bild 1.5*), der mit Senkschrauben an den Distanzbolzen

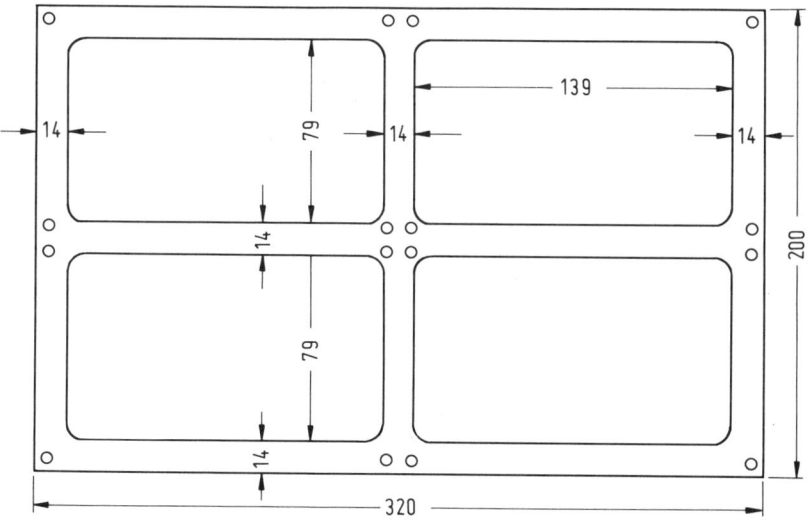

1.6 Alumiumrahmen zur Aufnahme von vier Lochrasterplatten

befestigt wird. Der Ausschnitt in der Mitte läßt sich mit der Laubsäge herstellen. Um vier Platten zu einer Einheit zusammenzufassen, kann man einen weiteren Alu-Rahmen gemäß Bild 1.6 benutzen, der mit entsprechenden Bohrungen zum Anschrauben der Distanzbolzen versehen ist.

1.4 Stromversorgung

Zum Betreiben der in diesem Buch vorgestellten Schaltungen wird eine Gleichspannung zwischen 4,5 und 30 V benötigt. In manchen Fällen sind sogar zwei Spannungen dieser Größenordnung erforderlich, von denen die eine positiv, die andere negativ gegenüber dem Schaltungsbezugspunkt ist.

Soweit es sich um batterietypische Spannungswerte handelt und die Stromaufnahme nicht zu hoch ist, kann die Speisung ohne weiteres aus Trockenbatterien erfolgen. So gibt zum Beipsiel eine 9-V-Transistorbatterie im Dauerbetrieb bis zu etwa 25 mA ab, eine Monozelle von 1,5 V bis zu einigen hundert Milliampere. Für die verschiedenen Arten von Zellen sind passende Halter lieferbar, in die man eine oder mehrere davon einsetzen kann. Sie besitzen Löt- und Druckknopfanschlüsse.

Zum Versorgen von Schaltungen mit größerem Strombedarf braucht man ein netzbetriebenes und stabilisiertes Speisegrät, entweder ein Doppelgerät mit positiver und negativer Ausgangsspannung oder aber zwei Einzelgeräte, die entsprechend zusammengeschaltet werden können. Die Belastbarkeit je Ausgang sollte 1 A betragen.

Der Selbstbau eines geeigneten Gerätes ist in Kap. 6.6 des Buches „Lineare Spannungsregler und ihre Anwendung" beschrieben, das gleichfalls im Richard Pflaum Verlag erschienen ist.

Wer von der Selbstanfertigung absehen möchte, greift auf eines der fertigen Geräte zurück, die im Elektronik-Fachhandel in vielerlei Ausführung und zumeist recht preiswert angeboten werden. Sie sind auch als Bausätze zu beziehen.

1.5 Dezibeltabelle

Bei einem Verstärker stellt das Verhältnis zwischen Ausgangsspannung U_Q und Eingangsspannung U_i die Verstärkung v dar. Somit gilt die Gleichung

$$v = \frac{U_Q}{U_i},$$

wobei v im allgemeinen größer als 1 ist.

Die Ausgangsspannung eines Spannungsteilers ist indessen stets kleiner als dessen Eingangsspannung (*Bild 1.7*). Es handelt sich hier also um eine Spannungsabschwächung. Trotzdem spricht man auch dabei von einer Verstärkung. Sie beläuft sich ebenfalls auf U_Q/U_i, ist aber eben kleiner als 1.

1.7 Zum „Verstärkungsfaktor" eines Spannungsteilers

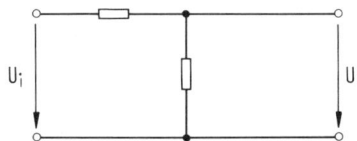

Bei Hintereinanderschaltung mehrerer Verstärker bzw. Spannungsteiler ergibt sich die Gesamtverstärkung durch Multiplizieren der Einzelverstärkungen.

Verstärkungsgrade werden oft auch im logarithmischen Maß Dezibel (dB) angegeben. Dabei wird zur Unterscheidung von der linearen Verstärkung v das Zeichen v' benutzt. Es bestehen die Zusammenhänge

$$v' = 20\,dB \cdot \log v \quad \text{und}$$

$$v = 10^{\frac{v'}{20\,dB}}.$$

Zur Errechnung der Gesamtverstärkung bei Reihenschaltung mehrerer Glieder brauchen die dB-Werte nur addiert zu werden.

In nachstehender Tabelle ist angegeben, welchen linearen Spannungsverhältnissen die verschiedenen dB-Werte jeweils entsprechen.

1 Praktische Grundlagen

Dezibeltabelle

dB	$\frac{U_Q}{U_i}$	dB	$\frac{U_Q}{U_i}$	dB	$\frac{U_Q}{U_i}$
−40	0,01000	−5	0,562	30	31,6
−39	0,01122	−4	0,631	31	35,5
−38	0,01259	−3	0,708	32	39,8
−37	0,01413	−2	0,794	33	44,6
−36	0,01585	−1	0,890	34	50,1
−35	0,01779	0	1,000	35	56,2
−34	0,01995	1	1,122	36	63,1
−33	0,0224	2	1,259	37	70,8
−32	0,0251	3	1,413	38	79,4
−31	0,0282	4	1,585	39	89,0
−30	0,0316	5	1,779	40	100,0
−29	0,0355	6	1,995	41	112,2
−28	0,0398	7	2,24	42	125,9
−27	0,0446	8	2,51	43	141,3
−26	0,0501	9	2,82	44	158,5
−25	0,0562	10	3,16	45	177,9
−24	0,0631	11	3,55	46	199,5
−23	0,0708	12	3,98	47	224
−22	0,0794	13	4,46	48	251
−21	0,0890	14	5,01	49	282
−20	0,1000	15	5,62	50	316
−19	0,1122	16	6,31	51	355
−18	0,1259	17	7,08	52	398
−17	0,1413	18	7,94	53	446
−16	0,1585	19	8,90	54	501
−15	0,1779	20	10,00	55	562
−14	0,1995	21	11,22	56	631
−13	0,224	22	12,59	57	708
−12	0,251	23	14,13	58	794
−11	0,282	24	15,85	59	890
−10	0,316	25	17,79	60	1 000
−9	0,355	26	19,95	61	1 122
−8	0,398	27	22,4	62	1 259
−7	0,446	28	25,1	63	1 413
−6	0,501	29	28,2	64	1 585

dB	$\frac{U_Q}{U_i}$	dB	$\frac{U_Q}{U_i}$	dB	$\frac{U_Q}{U_i}$
65	1 779	77	7 080	89	28 200
66	1 995	78	7 940	90	31 600
67	2 240	79	8 900	91	35 500
68	2 510	80	10 000	92	39 800
69	2 820	81	11 220	93	44 600
70	3 160	82	12 590	94	50 100
71	3 550	83	14 130	95	56 200
72	3 980	84	15 850	96	63 100
73	4 460	85	17 790	97	70 800
74	5 010	86	19 950	98	79 400
75	5 620	87	22 400	99	89 000
76	6 310	88	25 100	100	100 000

1.6 Zehnerpotenzentabelle

Zur Abkürzung von Zahlenwerten bedient man sich der Zehnerpotenzen, die in der nachstehenden Tabelle zusammengefaßt sind.

Pico (p) = 10^{-12} =	0,000 000 000 001	= Billionstel
Nano (n) = 10^{-9} =	0,000 000 001	= Milliardstel
Mikro (μ) = 10^{-6} =	0,000 001	= Millionstel
Milli (m) = 10^{-3} =	0,001	= Tausendstel
Zenti (c) = 10^{-2} =	0,01	= Hundertstel
Dezi (d) = 10^{-1} =	0,1	= Zehntel
Deka (D) = 10^1 =	10	= Zehn
Hekto (h) = 10^2 =	100	= Hundert
Kilo (k) = 10^3 =	1 000	= Tausend
Mega (M) = 10^6 =	1 000 000	= Million
Giga (G) = 10^9 =	1 000 000 000	= Millarde
Tera (T) = 10^{12} =	1 000 000 000 000	= Billion

2 Verstärker, allgemein

2.1 Nichtinvertierender Verstärker

Bei einem nichtinvertierenden Verstärker ist das Ausgangssignal U_Q phasengleich mit dem Eingangssignal U_i.

Bild 2.1 zeigt ein entsprechendes Schaltbeispiel mit dem bipolaren Operationsverstärker TBA 221 B (= 741), der einen kurzschlußfesten Gegentaktausgang besitzt. Das Eingangssignal U_i gelangt zum nichtinvertierenden Eingang — auch Plus- oder P-Eingang genannt — und wird am Ausgang verstärkt abgenommen.

Der Verstärkungsgrad hängt vom Verhältnis der Widerstände R_1 und R_2 ab und ergibt sich zu

$$v = 1 + \frac{R_1}{R_2}.$$

In unserem Beispiel ist also $v = 1 + \frac{100 \text{ k}\Omega}{1 \text{ k}\Omega} = 1 + 100 = 101$.

Was durch vorstehende Formel zum Ausdruck gebracht wird, läßt sich auch durch eine einfache Überlegung erklären. Der invertierende Eingang

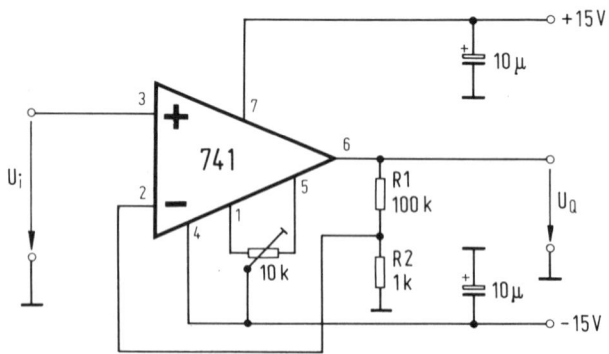

2.1 Nichtinvertierender Verstärker

2.1 Nichtinvertierender Verstärker

des OP (= Minus- oder N-Eingang) ist an dem Verbindungspunkt von R_1 und R_2 angeschlossen. Je größer nun R_1 gegenüber R_2 ist, desto kleiner ist der Teil der Ausgangsspannung, der zum N-Eingang zurückgeführt wird. Die Gegenkopplung ist also um so größer, je größer R_2 gegenüber R_1 ist.

Das 10-kΩ-Potentiometer dient zum Kompensieren der Offset-Spannung. Es wird bei kurzgeschlossenen Eingangsklemmen so eingestellt, daß die Ausgangsspannung gegenüber Masse exakt Null beträgt. Der Abgleich kann um so genauer durchgeführt werden, je kleiner man den Meßbereich des betreffenden Multimeters wählt. Zu Anfang der Arbeit benutzt man jedoch besser einen höheren Bereich.

Bei der angegebenen Speisespannung von ± 15 V ist der Verstärker in positiver Richtung aussteuerbar bis zu $U_Q = +13,5$ V und in negativer bis zu $-12,3$ V, was durch eine Messung ermittelt wurde.

Die Frequenz f_1 (= Verstärkungs-Bandbreite-Produkt B_1, auch Transitfrequenz genannt) ist bekanntlich diejenige Frequenz, bei der die Leerlaufverstärkung v_o eines Operationsverstärkers auf 1 zurückgeht (vgl. Abschn. 1.2). Sie beträgt beim Typ 741 1 MHz. Unter der oberen Grenzfrequenz f_g wiederum versteht man diejenige Frequenz, bei der die Verstärker-Ausgangsspannung auf -3 dB = 70,1 % ihres Sollwertes abfällt.

Zwischen den Größen f_g, f_1 und der Verstärkung v besteht näherungsweise folgender Zusammenhang:

$$f_g = \frac{f_1}{v}$$

Dies bedeutet für unsere Schaltung mit einem Verstärkungsfaktor von rund 100 und einer Frequenz f_1 von 1 MHz eine obere Grenzfrequenz von 10 kHz. Vorstehende Rechnung wurde mit einer Sinus-Eingangsspannung von 50 mV$_{ss}$ experimentell bestätigt.

Bei Eingangsspannungen dieser Größenordnung spricht man von Kleinsignalverstärkung, bei höheren Eingangsspannungen von Großsignalverstrakung. Letztere bedingt eine niedrigere obere Grenzfrequenz als Kleinsignalverstärkung. Die Angaben für f_1 sind stets auf Kleinsignalverstärkung bezogen.

Eine Eigentümlichkeit aller gegengekoppelten Operationsverstärker ist, daß sich durch einen Regelungseffekt am N-Eingang das gleiche Potential wie am P-Eing einstellt. Betrachten wir hierzu das Beispiel in *Bild 2.2*, wo

2 Verstärker, allgemein

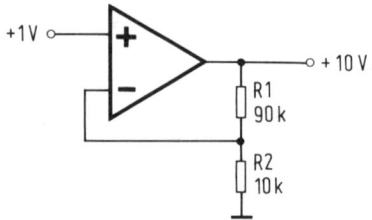

2.2 Zur Selbstregelung des Eingangspotentials gegengekoppelter Operationsverstärker

aufgrund des gewählten Widerstandsverhältnisses die Verstärkung

$$v = 1 + \frac{R_1}{R_2} = 1 + \frac{90 \text{ k}\Omega}{10 \text{ k}\Omega} = 10$$

beträgt. Eine Eingangsspannung von 1 V erzeugt demnach die Ausgangsspannung 10 V, die ihrerseits im Teiler den Strom

$$I = \frac{U}{R_1 + R_2} = \frac{10 \text{ V}}{90 \text{ k}\Omega + 10 \text{ k}\Omega} = \frac{10 \text{ V}}{100 \text{ k}\Omega} = 0{,}1 \text{ mA}$$

hervorruft. Dieser Strom läßt nun am Widerstand R_2 die Spannung

$$U_2 = I \cdot R_2 = 0{,}1 \text{ mA} \cdot 10 \text{ k}\Omega = 1 \text{ V}$$

abfallen, womit der Minuseingang das gleiche Potential wie der Pluseingang aufweist.

Der Eingangsstrom des OP kann bei diesen Betrachtungen vernachlässigt werden.

Mit absoluter Genauigkeit treffen die soeben angestellten Überlegungen nur für einen idealen OP mit unendlich großer Leerlaufverstärkung v_o zu. Real liegt v_o bei etwa 100 000, womit sich eine geringfügige Abweichung des Potentials am invertierenden Eingang von dem oben errechneten Wert ergibt, die aber praktisch bedeutungslos ist. Auf unser Beispiel bezogen, beträgt die Spannung U_2 nicht 1 V, sondern

$$1 \text{ V} \cdot \frac{v_o}{v_o + v} = 1 \text{ V} \cdot \frac{100\,000}{100\,000 + 10} = \frac{100\,000}{100\,010} = 0{,}9999 \text{ V}.$$

Der Eingangswiderstand R_{ein} eines nichtinvertierenden Verstärkers ist weit höher als der in den Datenblättern angegebene R_i-Wert. Diese Erscheinung beruht darauf, daß das Potential am N-Eingang demjenigen am P-Eingang

2.1 Nichtinvertierender Verstärker

eben sehr genau folgt, so daß zwischen beiden Eingängen nur eine extrem kleine Spannungsdifferenz besteht. Es fließt deshalb auch nur ein winziger Strom vom Plus- zum Minuseingang, was einen entsprechend hohen Eingangswiderstand bedeutet. Der nichtinvertierende Verstärker wird deshalb auch als Elektrometerverstärker bezeichnet. Sein Eingangswiderstand ergibt sich zu

$$R_{ein} = R_i \cdot \frac{v_o}{v}.$$

Als Beispiel sei angenommen, R_i betrage 0,2 MΩ, v_o = 100 000 und v = 100. Mit diesen Werten errechnet sich der Eingangswiderstand zu

$$R_{ein} = R_i \cdot \frac{v_o}{v} = 0{,}2 \text{ MΩ} \cdot \frac{100\,000}{100} = 0{,}2 \text{ MΩ} \cdot 1\,000 = 200 \text{ MΩ}.$$

Das Verhältnis $\frac{v_o}{v}$ wird auch Schleifenverstärkung genannt.

Im Gegensatz zum Eingangswiderstand R_{ein} bedeutet der Eingangswiderstand R_i denjenigen Widerstand, der zwischen den Eingängen eines Operationsverstärkers besteht, wenn diese ungleiches Portential führen.

Im übrigen weist der OP-Typ 741 folgende Daten auf:

Grenzdaten
U_b = ± 18 V
U_i = ± U_b (max. ± 15 V)
U_{id} = ± 30 V
T_u = 0-70 °C

Kenndaten
I_b = 1,7 mA
R_i = 2 MΩ
R_Q = 75 Ω
U_{io} = 6 mV
I_{io} = 20 nA

I_{QS} = ± 18 mA
v_o = 100 dB
B_1 = 1 MHz
$\frac{dU_Q}{dt}$ = 0,5 V/μs

Bei allen Datenangaben ist selbstverständlich mit Exemplarstreuungen nach oben und nach unten zu rechnen.

2 Verstärker, allgemein

2.2 Spannungsfolger

Ein Sonderfall bei der Dimensionierung eines nichtinvertierenden Verstärkers liegt dann vor, wenn man den Ausgang unmittelbar mit dem invertierenden Eingang verbindet. Dann ist nämlich $R_1 = 0$ und $R_2 = \infty$ (vgl. *Bild 2.1*). Hieraus ergibt sich die Verstärkung zu

$$v = 1 + \frac{R_1}{R_2} = 1 + \frac{0}{\infty} = 1 + 0 = 1.$$

Man spricht bei einer solchen Schaltung (*Bild 2.3*). von einem Spannungsfolger oder Impedanzwandler. Der Eingangswiderstand R_{ein} ist hier extrem

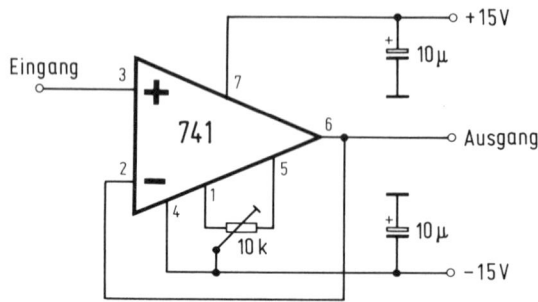

2.3 Spannungsfolger

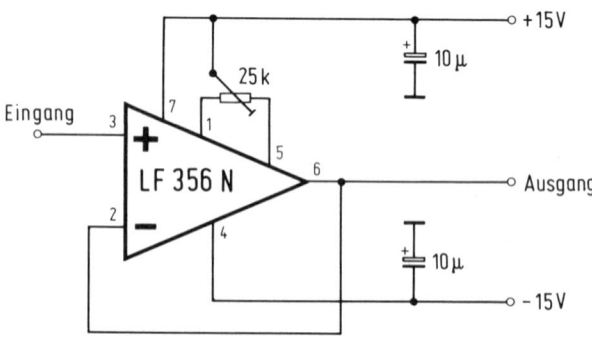

2.4 Spannungsfolger mit oberer Grenzfrequenz von mehr als 1 MHz

2.2 Spannungsfolger

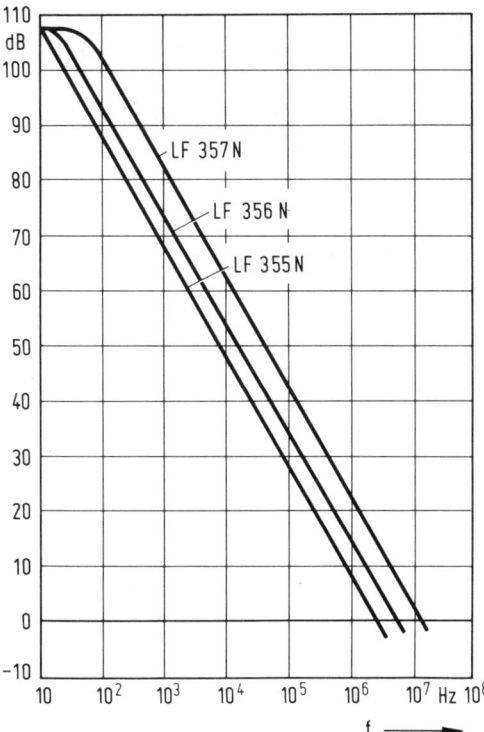

2.5 Leerlauf-Spannungsverstärkung v_o in dB der OP-Typen LF 355 N, LF 356 N und LF 357 N (nach Unterlagen der Firma Siemens AG)

hoch, der Ausgangswiderstand R_{aus} extrem niedrig. Diese zwei Größen errechnen sich aus der Gleichspannungs-Leerlaufverstärkung v_o und dem Eingangswiderstand R_i bzw. dem Ausgangswiderstand R_Q zu

$$R_{ein} = R_i \cdot \frac{v_o}{v} = R_i \cdot \frac{v_o}{1} = R_i \cdot v_o \quad \text{und zu}$$

$$R_{aus} = \frac{R_Q}{v_o}$$

(vgl. auch Abschn. 2.1).

Bei Schaltung *Bild 2.3* wurde mit einer Sinus-Eingangsspannung von 0,1 V_{ss} eine obere Grenzfrequenz von 500 kHz gemessen, mit einer solchen

27

2 Verstärker, allgemein

von 4 V_{ss} eine obere Grenzfrequenz von 100 kHz. Im ersten Fall handelt es sich um die sogenannte Kleinsignal-Bandbreite, im zweiten um die Großsignal-Bandbreite.

Eine wesentlich höhere Bandbreite erhalten wir, wenn wir den Spannungsfolger mit dem JFET-Operationsverstärker LF 356 N aufbauen (*Bild 2.4*). Hier ergibt sich bei einer Eingangsspannung von 2,5 V_{ss} eine obere Grenzfrequenz von mehr als 1 MHz.

Das Trimmpot von 25 kΩ dient zum Kompensieren der Offset-Spannung.

Als Beispiel dafür, in welcher Weise mit zunehmender Frequenz die Leerlaufverstärkung von Operationsverstärkern abnimmt, sind in *Bild 2.5* die entsprechenden Diagramme für die OP-Typen LF 355 N, LF 356 N und LF 357 N wiedergegeben, bezogen auf eine Speisespannung von ±15 V.

Die Daten des LF 356 N sind folgende:

Grenzdaten
U_b = ±18 V
U_{id} = ±30 V
P_{tot} = 500 mW
T_u = 0-70 °C

Kenndaten
I_b = 5 mA
R_i = 10^{12} Ω
I_i = 30 pA
U_{io} = 3 mV
I_{io} = 3 pA

I_{QS} = 25 mA
v_o = 80 dB
B_1 = 5 MHz
$\frac{dU_Q}{dt}$ = 12 V/µs

2.3 Verstärker mit Spannungsfolger

Bild 2.6 zeigt die Schaltung eines Wechselspannungsverstärkers mit nachfolgendem Impedanzwandler.

Die Speisung erfolgt aus einer Quelle von 9 V, eine negative Spannung wird nicht benötigt.

Zum Erzielen eines optimalen Arbeitspunktes wird dem P-Eingang der ersten Verstärkerstufe durch zwei Spannungsteilerwiderstände zu je 6,8 MΩ ein Potential von +4,5 V erteilt. Um dem invertierenden Eingang trotz fehlender negativer Speisequelle ein Potential zu geben, das richtig im Arbeitsbereich liegt, ist der Widerstand R_2 nicht unmittelbar, sondern lediglich wechselspannungsmäßig über einen Kondensator von 4,7 µF auf Nullpotential gelegt.

2.3 Verstärker mit Spannungsfolger

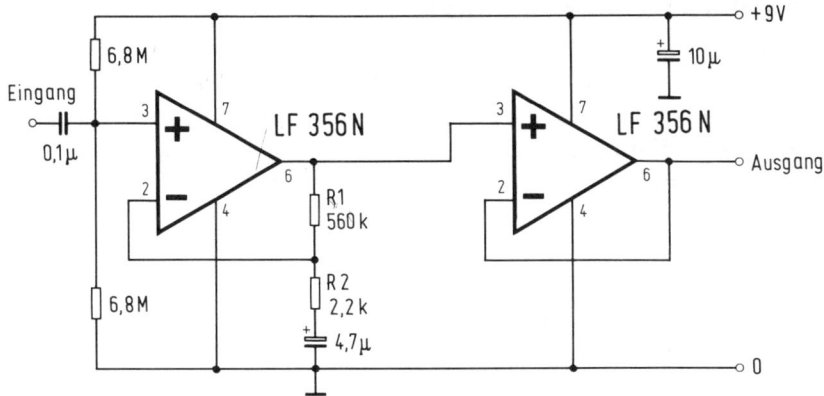

2.6 Verstärker mit Impedanzwandler

Der Verstärkungsfaktor der ersten Stufe beträgt entsprechend dem Verhältnis der Widerstände R_1 und R_2 rund 250. Nachgeschaltet ist ein Spannungsfolger, womit sich ein extrem kleiner Ausgangswiderstand ergibt.

Die Schaltung besitzt eine untere Grenzfrequenz von 15 Hz, eine obere von 30 kHz. Sie kann bis zu $U_Q = 6\ V_{ss}$ ausgesteuert werden. Durch den 4,7-μF-Elko ist eine Einschwingzeit von rund 3 s gegeben, gerechnet vom Einschaltzeitpunkt der Speisespannung an.

Der Eingangswiderstand der Schaltung beläuft sich auf etwa 3,4 MΩ. Dieser Wert ergibt sich durch die beiden 6,8-MΩ-Widerstände am P-Eingang, die wechselspannungsmäßig gesehen eine Nebeneinanderschaltung bilden. Parallel dazu liegt noch der Eingangswiderstand der ersten Verstärkerstufe, der aber aufgrund der Elektrometerschaltung mit 120 MΩ so hoch gegenüber den 3,4 MΩ ist, daß er sich praktisch nicht auswirkt.

Der Mittelwert der Ausgangsspannung beträgt wie das mittlere Potential am P-Eingang der ersten Stufe +4,5 V. Wird ein nullsymmetrisches Signal gewünscht, so ist der Abgriff nicht galvanisch, sondern über einen Kondensator vorzunehmen.

2 Verstärker, allgemein

2.4 Invertierender Verstärker

Bei einem invertierenden Verstärker ruft ein positiv gerichtetes Eingangssignal ein negativ gerichtetes Ausgangssignal hervor und umgekehrt. Dies bedeutet, daß das Ausgangssignal gegenüber dem Eingangssignal um 180° phasenverschoben ist.

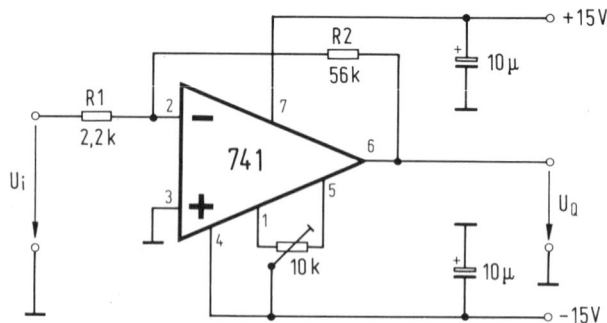

2.7 Invertierender Vestärker

Bild 2.7 zeigt die Schaltung eines solchen Verstärkers. Der P-Eingang des OP ist hier mit Masse verbunden, während der N-Eingang über den Widerstand R_1 mit dem zu verstärkenden Signal beaufschlagt wird.

Der Verstärkungsfaktor ergibt sich aus dem Verhältnis der Widerstände R_1 und R_2 zu

$$v = -\frac{R_2}{R_1},$$

wobei das Minuszeichen die Signalinvertierung zum Ausdruck bringt. Bei den gewählten Widerstandswerten ist also

$$v = -\frac{R_2}{R_1} = -\frac{56 \text{ k}\Omega}{2,2 \text{ k}\Omega} = -25.$$

Die obere Grenzfrequenz des Verstärkers wurde bei einer Signaleingangsspannung von 100 mV$_{ss}$ (Sinus) meßtechnisch zu rund 40 kHz ermittelt, was sehr genau dem Rechenwert entspricht (Das Verstärkungs-Bandbreite-Produkt B_1 des 741 beträgt bekanntlich 1 MHz.) Die Aussteuerungsgrenzen ergaben sich zu $+U_Q = 13{,}5$ V und $-U_Q = 12{,}6$ V. Mit dem 10-kΩ-Potentiometer kann in schon beschriebener Weise der Einfluß der Offsetspannung kompensiert werden.

Der Eingangswiderstand R_{ein} eines invertierenden Verstärkers entspricht jeweils dem Wert des Widerstandes R_1.

2.8 Potentialverhältnisse bei einem invertierenden Verstärker

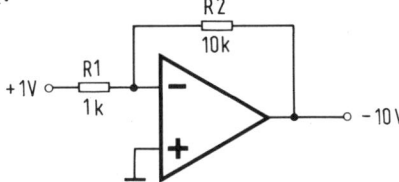

Auch für den invertierenden Verstärker gilt, daß sich am Minuseingang das gleiche Potential wie am Pluseingang einstellt. Als Beispiel ist in *Bild 2.8* eine Schaltung mit dem Verstärkungsfaktor

$$v = -\frac{R_2}{R_1} = -\frac{10\ \text{k}\Omega}{1\ \text{k}\Omega} = -10$$

wiedergegeben. Die Eingangsspannung von $+1$ V ruft also eine Ausgangsspannung von -10 V hervor. Dies bedeutet, daß an den in Reihe geschalteten Widerständen R_1 und R_2 eine Gesamtspannung von 11 V anliegt. Diese Spannung bewirkt den Strom

$$I = \frac{U}{R_1 + R_2} = \frac{11\ \text{V}}{1\ \text{k}\Omega + 10\ \text{k}\Omega} = \frac{11\ \text{V}}{11\ \text{k}\Omega} = 1\ \text{mA}.$$

An R_1 fällt so die Spannung $U_1 = I \cdot R = 1\ \text{mA} \cdot 1\ \text{k}\Omega = 1$ V ab, womit der N-Eingang ebenso wie der P-Eingang auf Nullpotential zu liegen kommt.

2.5 Differenzverstärker

Im Gegensatz zum nichtinvertierenden und zum invertierenden Verstärker, bei denen jeweils nur ein Eingang mit einem Signal beschickt wird, erfolgt die Steuerung des Differenzverstärkers an beiden Eingängen. Ein Schaltbeispiel mit dem JFET-OP LF 355 N ist in *Bild 2.9* wiedergegeben.

2 Verstärker, allgemein

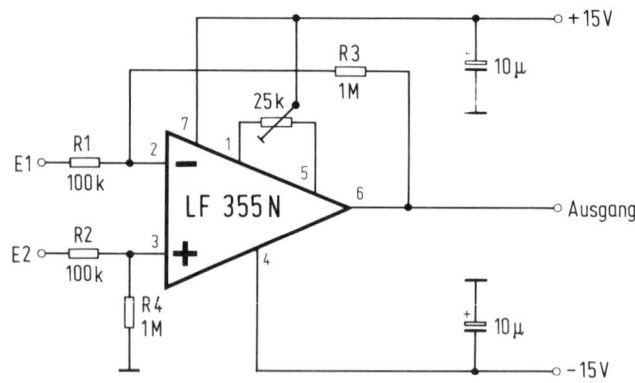

2.9 Differenzverstärker

Die Widerstände R_1 und R_2 einerseits sowie R_3 und R_4 andererseits werden üblicherweise jeweils gleich groß bemessen. Unter dieser Voraussetzung ist der Verstärkungsfaktor

$$v = \frac{R_3}{R_1} = \frac{R_4}{R_2} = \frac{1 \text{ M}\Omega}{100 \text{ k}\Omega} = 10.$$

Um den Faktor v wird die Spannungsdifferenz zwischen den Eingangspunkten E_1 und E_2 verstärkt. Führt beispielsweise E_1 das Potential +3 V und E_2 das Potential +1,5 V, so kommt der Ausgang auf (+3 V − 1,5 V) · −10 = +1,5 V · −10 = −15 V zu liegen. Wird indessen E_1 mit +0,5 V und E_2 mit + 1 V beaufschlagt, so beträgt das Ausgangspotential +5 V.

Dies heißt also, daß sich eine negative Ausgangsspannung ergibt, wenn E_1 positiver als E_2 ist, und umgekehrt eine positive Ausgangsspannung, wenn E_2 positiver als E_1 ist.

Bei der gewählten Speisespannung von ±15 V kann U_Q bis zu ±14 V ausgesteuert werden.

Die Offsetspannung wird in der Weise kompensiert, daß man zunächst die Eingänge E_1 und E_2 kurzschließt und mit Masse verbindet. Danach ist das 25-kΩ-Trimmpoti auf die Ausgangsspannung Null einzustellen.

Das Nullpotential am Ausgang bleibt jedoch nicht erhalten, wenn man der Kurzschlußbrücke anschließend ein anderes Potential erteilt. Bei einem Brückenpotential von −10 V nimmt der Ausgang +0,3 V an, bei einem sol-

2.5 Differenzverstärker

chen von +10 V −0,3 V. Es zeigt sich also, daß sich die Ausgangsspannung linear mit dem Potential der Kurzschlußbrücke ändert, wenn auch nur in verhältnismäßig kleinem Maße.

Der Differenzverstärker wird oft zu Regelzwecken benutzt. Man führt dazu der einen Eingangsklemme eine bestimmte feste Spannung zu, die dem Sollwert entspricht, und der anderen eine veränderliche, die vom Istwert abhängt.

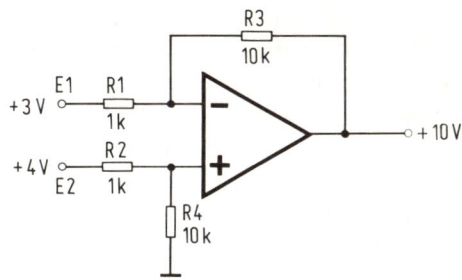

2.10 Potentialverhältnisse bei einem Differenzverstärker

Wie beim nichtinvertierenden und beim invertierenden Verstärker weisen auch beim Differenzverstärker der P- und der N-Eingang stets das gleiche Potential auf. Führen wir uns dies anhand von *Bild 2.10* einmal näher vor Augen. Die Differenzverstärkung ist aufgrund des Widerstandsverhältnisses 10 kΩ/1 kΩ zehnfach. Bei einem Eingangspotential von +3 V an E_1 und einem solchen von +4 V an E_2, was einer Differenzspannung von +1 V entspricht, führt der Ausgang also +10 V.

Die Widerstände R_2 und R_4 bilden eine Reihenschaltung und liegen an 4 V. Sie werden damit vom Strom

$$I = \frac{U}{R_2 + R_4} = \frac{4\ V}{1\ k\Omega + 10\ k\Omega} = \frac{4\ V}{11\ k\Omega} = 0{,}363\ mA$$

durchflossen. Dieser Strom ruft an R_4 den Spannungsabfall

$$U_{R4} = I \cdot R_4 = 0{,}363\ mA \cdot 10\ k\Omega = 3{,}63\ V$$

hervor, der zugleich das Potential des P-Eingangs bildet.

Die gleichfalls in Serie liegenden Widerstände R_1 und R_3 sind an +3 V und an +10 V angeschlossen, was eine Spannung von 7 V bedeutet. Der Strom beträgt also

2 Verstärker, allgemein

$$I = \frac{U}{R_1 + R_3} = \frac{7\text{ V}}{1\text{ k}\Omega + 10\text{ k}\Omega} = \frac{7\text{ V}}{11\text{ k}\Omega} = 0{,}63\text{ mA},$$

womit an R_1 die Spannung

$$U_{R_1} = I \cdot R_1 = 0{,}63\text{ mA} \cdot 1\text{ k}\Omega = 0{,}63\text{ V}$$

abfällt. Das Potential am N-Eingang ergibt sich, indem wir die 0,63 V zu den 3 V des Punktes E_1 hinzurechnen. Wir erhalten so mit 3,63 V den gleichen Wert wie am P-Eingang.

Der Eingangswiderstand des Differenzverstärkers am Punkt E_1, bezogen auf Masse, ist gegeben durch R_1, am Punkt E_2 durch die Summe von R_2 und R_4. Dagegen beläuft sich der Differenz-Eingangswiderstand zwischen den Punkten E_1 und E_2 auf die Summe von R_1 und R_2.

Die Daten des JFET-Operationsverstärkers LF 355 N sind folgende:

Grenzdaten
$U_b = \pm 18\text{ V}$
$U_{id} = \pm 30\text{ V}$
$P_{tot} = 500\text{ mW}$
$T_u = 0\ldots70\ °C$

Kenndaten
$I_b = 2\text{ mA}$
$R_i = 12^{12}\ \Omega$
$I_i = 30\text{ pA}$
$U_{io} = 3\text{ mV}$
$I_{io} = 3\text{ pA}$

$I_{QS} = 25\text{ mA}$
$v_o = 80\text{ dB}$
$B_1 = 2{,}5\text{ MHz}$
$\dfrac{dU_Q}{dt} = 5\text{ V}/\mu\text{s}$

2.6 Breitbandverstärker, invertierend

Der in der Schaltung *Bild 2.11* benutzte bipolare Operationsverstärker LM 318 P besitzt mit 15 MHz eine recht hohe Kleinsignal-Bandbreite. Bei dieser Frequenz beträgt seine Leerlaufverstärkung 1.

Der Verstärkungsfaktor der Schaltung selbst ergibt sich aus dem Verhältnis der Widerstände R_1 und R_2 zu

$$v = \frac{R_1}{R_2} = \frac{1\text{ M}\Omega}{68\text{ k}\Omega} = 14{,}7.$$

Gemessen wurden in Abhängigkeit von der Frequenz f bei sinusförmiger Eingangsspannung von je 0,5 V_{ss} folgende Werte:

2.6 Breitbandverstärker, invertierend

f	v
10 Hz	14
100 Hz	14
1 kHz	14
10 kHz	14
100 kHz	13,7
250 kHz	12,4
500 kHz	11,1
1 MHz	7,3

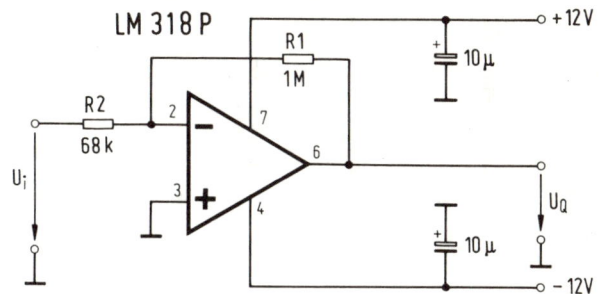

2.11 Breitbandverstärker, invertierend

Der Rückgang der Verstärkung bei den höheren Frequenzen beruht im wesentlichen auf unvermeidbaren und durch den Schaltungsaufbau bedingten Parallelkapazitäten zum Widerstand R_1, die eine frequenzabhängige Gegenkopplung bewirken. So setzt zum Beispiel eine Schaltkapazität von nur 0,3 pF die obere Grenzfrequenz von 1 MHz auf 530 kHz herab.

Bei 10 kHz (Sinus) und der angegebenen Speisespannung von ±12 V ist der Verstärker verzerrungsfrei aussteuerbar bis zu 18 V_{ss}. Sein Eingangswiderstand beträgt 68 kΩ.

Der Operationsverstärker LM 318 P besitzt folgende Daten:

Grenzdaten
U_b = ±20 V
U_i = ±U_b (max. ±15 V)
P_{tot} = 500 mW
T_u = 0...70 °C

Kenndaten
I_b = 5 mA
R_i = 3 MΩ
I_i = 150 nA

U_{io} = 4 mV
I_{io} = 30 nA
B_1 = 15 MHz

2.7 Breitbandverstärker, nichtinvertierend

Die Schaltung nach *Bild 2.12* arbeitet nichtinvertierend und ist als Wechselspannungsverstärker ausgeführt. Man kommt hier mit nur einer Speisequelle aus.

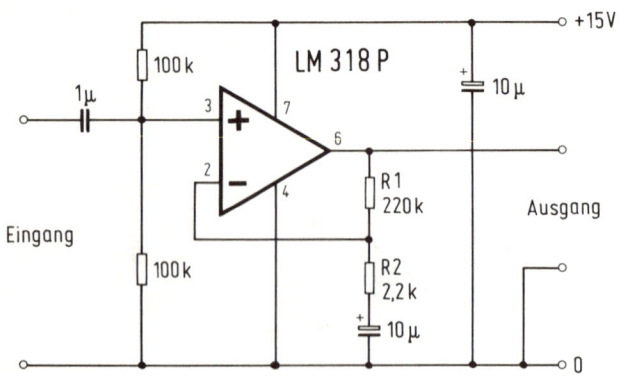

2.12 Breitbandverstärker, nichtinvertierend

Die Verstärkung ergibt sich rechnerisch zu

$$v = 1 + \frac{R_1}{R_2} = 1 + \frac{220 \text{ k}\Omega}{2,2 \text{ k}\Omega} = 1 + 100 = 101.$$

In welcher Weise sie auch von der Frequenz abhängt, geht aus den Meßwerten der nachfolgenden Tabelle hervor:

f	v
10 Hz	72
100 Hz	96
1 kHz	100
10 kHz	100
100 kHz	92
150 kHz	84
250 kHz	76
500 kHz	60
1 MHz	20

2.8 Vertärker mit FET-Eingang

Der Abfall bei den unteren Frequenzen ist durch den 1-μF-Koppelkondensator bedingt. Die Messung erfolgte mit sinusförmiger Eingangsspannung. Der Verstärker ist verzerrungsfrei aussteuerbar bis zu 11 V_{ss} (gemessen bei 10 kHz). Sein Eingangswiderstand beläuft sich auf 50 kΩ.

Bei offenem Eingang beträgt das Ausgangspotential +7,5 V, was der halben Speisespannung entspricht. Wird ein symmetrisches Eingangssignal angelegt, so ist der Mittelwert der Ausgangsspannung ebenfalls +7,5 V. Sollte der Gleichspannungsanteil des Ausgangssignals bei dessen Weiterverarbeitung nachteilig sein, so koppelt man es über einen Kondensator aus.

2.8 Verstärker mit FET-Eingang

Operationsverstärker mit FET-Eingang, die sogenannten JFET-Typen, besitzen schon von sich aus einen sehr hohen Eingangswiderstand R_i, der in der Größenordnung von 10^{10} Ω und darüber liegt. Betreibt man nun einen solchen Verstärker in Elektrometerschaltung (*Bild 2.13*), so erhält man einen noch viel größeren Eingangswiderstand, der sich rechnerisch aus der Multiplikation von R_i mit der gewählten Schleiferverstärkung $\frac{V_o}{v}$ ergibt.

Der Faktor v beträgt in unserem Schaltbeispiel rund 100. Der Frequenzbereich erstreckt sich von 0-42 kHz als obere Grenzfrequenz. Die Aussteuer-

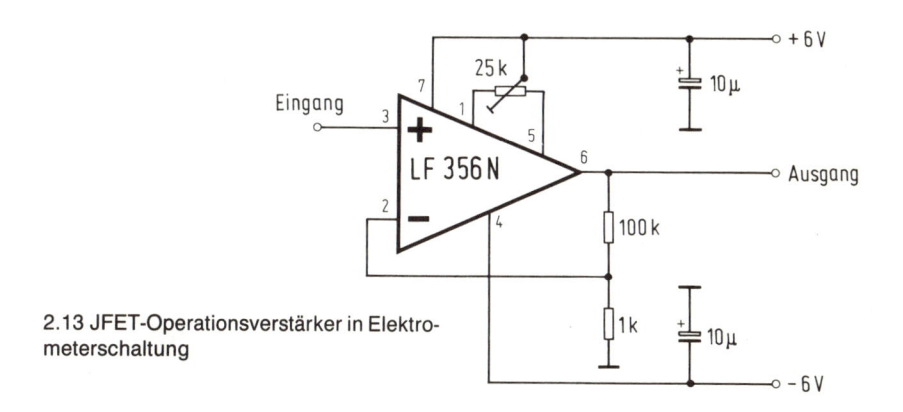

2.13 JFET-Operationsverstärker in Elektrometerschaltung

2 Verstärker, allgemein

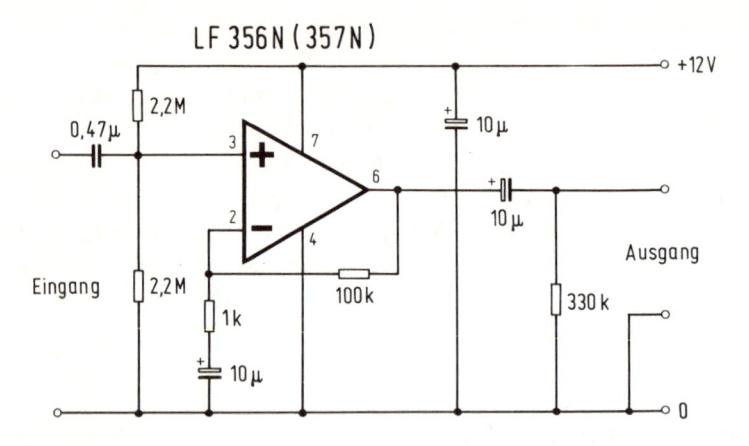

2.14 JFET-Operationsverstärker als Wechselspannungsverstärker

barkeit beläuft sich bei 42 kHz auf max. 6,5 V_{ss}; bei kleineren Frequenzen ist sie höher.

Verwendet man anstelle des LF 356 N den LF 357 N, so erhält man eine obere Grenzfrequenz von 220 kHz. Bei dieser Frequenz ist eine Aussteuerung bis zu 5 V_{ss} möglich, bei 10 kHz eine solche bis zu 8 V_{ss}. Das 25-kΩ-Potentiometer dient zum Nullspannungsabgleich.

Man kann die Schaltung auch als Wechselspannungsverstärker aufbauen, womit sich die zweite Speisespannungsquelle und das Potentiometer für den Offsetspannungsabgleich erübrigen (*Bild 2.14*). Aussteuerbarkeit und obere Grenzfrequenz sind die gleichen wie in Schaltung *Bild 2.13*; die untere Grenzfrequenz beläuft sich auf 15 Hz. Der Eingangswiderstand ist wegen der beiden Spannungsteilerwiderstände zu je 2,2 MΩ natürlich erheblich kleiner und beträgt 1,1 MΩ.

Nachstehend sind die Daten des Operationsverstärkers LF 357 N angegeben:

Grenzdaten
U_b = ±18 V
U_{id} = ±30 V
P_{tot} = 500 mW
T_u = 0...70 °C

Kenndaten
I_b = 5 mA
R_i = 10^{12} Ω
I_i = 30 pA
U_{io} = 3 mV
I_{io} = 3 pA

I_{QS} = 25 mA
v_o = 80 dB
B_1 = 20 MHz
$\dfrac{dU_Q}{dt}$ = 50 V/µs

2.9 CMOS-Verstärker

Integrierte Schaltkreise in CMOS-Technik zeichnen sich unter anderem durch ihren verhältnismäßig kleinen Strombedarf aus. Einen extrem niedrigen Ruhestrom nimmt der ICL 7611 DCPA auf, mit dem die Verstärkerschaltung *Bild 2.15* versehen ist.

Das IC besitzt einen Anschluß I_Q SET (Pin 8), mit dem der Ruhestrom I_b auf drei verschiedene Werte eingestellt werden kann, und zwar auf 10 µA, 100 µA und 1 mA. Im ersten Fall ist Pin 8 an die positive Speiseleitung anzuschließen, im letzteren an die Nulleitung. Werden 100 µA gewünscht, so legt man Anschluß 8 auf halbe Speisespannung, was mittels zweier Spannungsteilerwiderstände geschehen kann. Die drei Stromwerte sind weitgehend unabhängig von der Speisespannung, wobei die erzielbare Ausgangsspannungsamplitude sowohl in positiver als auch in negativer Richtung bis auf wenige Millivolt an die Versorgungsspannung heranreicht. Etwa 70 % von I_b werden von der Ausgangsstufe des OP aufgenommen.

Den elektrotechnischen Gesetzen zufolge bedingt ein kleiner Ruhestrom eine niedrigere obere Grenzfrequenz und einen höheren Ausgangswiderstand des Verstärkers als ein großer Ruhestrom. Zum Erzielen maximaler Ausgangsspannungsamplituden bei niederohmigen Lasten ist deshalb I_b auf 1 mA einzustellen.

Der Verstärkungsfaktor der Schaltung beträgt aufgrund des Wider-

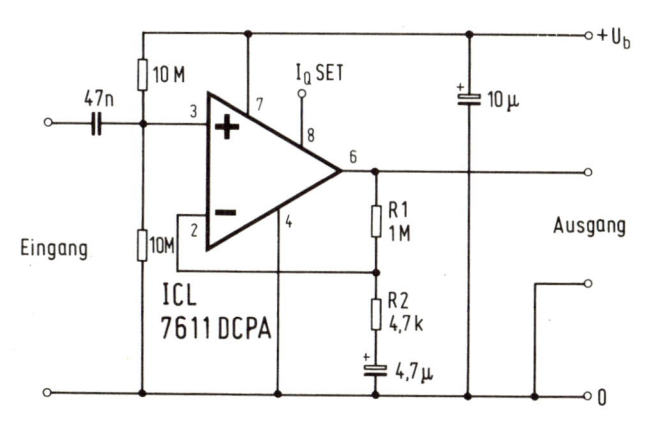

2.15 CMOS-Verstärker

2 Verstärker, allgemein

standsverhältnisses $R_1/R_2 = 1\ M\Omega/4{,}7\ k\Omega$ rein rechnerisch etwa 200. Dieser Wert ist mit $I_b = 10\ \mu A$ natürlich nicht erreichbar; immerhin wurde bei $U_b = 8\ V$ und $U_i = 50\ mV_{ss}$ (1 kHz) eine Verstärkung von 40 gemessen.

Mit $I_b = 1\ mA$, $U_b = 15\ V$ und $U_i = 50\ mV_{ss}$ ergaben sich in Abhängigkeit von der Frequenz folgende Ausgangsspannungs- und Verstärkungswerte:

f (Hz)	U_Q (V_{ss})	v
10	8	160
100	10	200
1 000	10	200
6 250	7	140
10 000	5	100

Wählt man das Widerstandsverhältnis R_1/R_2 kleiner als 200, so erfolgt der Verstärkungsabfall erst bei entsprechend höheren Frequenzen.

Bei Belastung des Ausgangs mit 470 Ω ging bei f = 1 kHz die Ausgangsspannung von 10 V_{ss} auf 8,8 V_{ss} zurück, während der Strom I_b von 1 mA auf 17 mA anstieg.

Die Daten des ICL 7611 DCPA sind folgende:

Grenzdaten
$U_b = \pm 9\ V$
$U_i = \pm U_b$
$U_{id} = 2 \cdot U_i$
$T_u = 0...70\ °C$

Kenndaten
$I_b = 1\ mA$
$R_i = 10^{12}\ \Omega$
$I_i = 1\ pA$
$U_{io} = 15\ mV$

$I_{io} = 0{,}5\ pA$
$v_o = 100\ dB$
$B_1 = 1\ MHz$
$\dfrac{dU_Q}{dt} = 1{,}6\ V/\mu s$

3 NF-Kleinleistungsverstärker

3.1 Rauscharmer Vorverstärker

Durch die Wärmebewegung der Elektronen bildet sich an jedem ohmschen Widerstand eine Rauschspannung, deren Leistungsdichte von den tiefsten bis zu den höchsten Frequenzen annähernd die gleiche ist. Diese Spannung wächst mit der Temperatur und dem Widerstandswert und läßt sich nach der Formel

$$U_r = \sqrt{4 \cdot k \cdot T \cdot B \cdot R}$$

berechnen. Darin bedeutet U_r die Rauschspannung in V, k die Boltzmannsche Konstante ($= 1{,}38 \cdot 10^{-23}$ W·s/K), T die absolute Temperatur in K und B die Bandbreite in Hz, innerhalb derer U_r ermittelt werden soll.

Für die Praxis ist diese Formel etwas umständlich. Nimmt man als Temperatur einen Wert von 20° C an, so vereinfacht sie sich zu

$$U_r = 4 \cdot 10^{-3} \cdot \sqrt{R \cdot B}.$$

(U_r in μV, R in kΩ, B in Hz.)

Die Rauschspannung ist unabhängig vom Material des Widerstandes, solange in diesem kein Srom fließt. Es ensteht aber zum Beispiel in einem Kohleschichtwiderstand unter sonst gleichen Bedingungen ein stärkeres Rauschen als in einem Metallschichtwiderstnd, wenn Stromfluß vorliegt.

Es ist keine Frage, daß auch Halbleiter-Werkstoffe und somit auch Operationsverstärker rauschen. Zur Bestimmung des Rauschgrades gibt man hier die sogenannte Eingangsrauschspannung U_{ir} in der Maßeinheit nV/$\sqrt{\text{Hz}}$ an. Daraus errechnet sich dann in Abhängigkeit von der Bandbreite B die am Eingang selbst vorhandene Rauschspannung zu

$$U_r = \frac{\sqrt{B} \cdot U_{ir}}{\sqrt{\text{Hz}}}.$$

Es leuchtet ein, daß zum Beispiel das Rauschen eines Vorverstärkers in allen

3 NF-Kleinleistungsverstärker

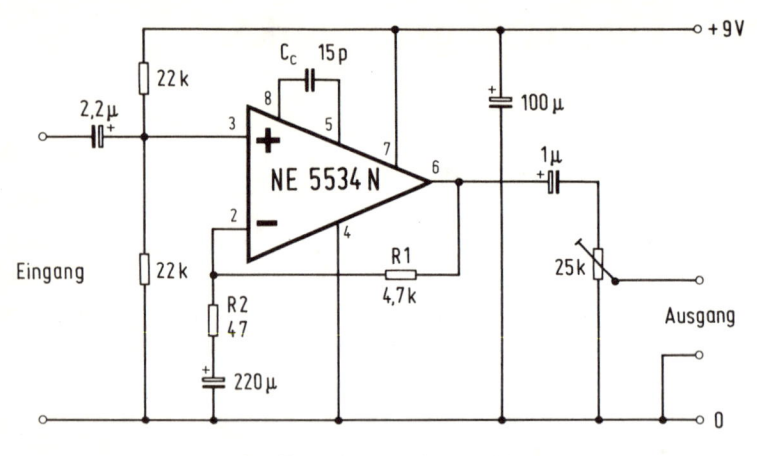

3.1 Rauscharmer Vorverstärker

nachfolgenden Stufen weiterverstärkt wird. Deshalb ist es manchmal vorteilhaft, gerade in der ersten Stufe einen besonders rauscharmen OP zu benutzen.

Ein solcher Typ steht mit dem Operationsverstärker NE 5534 N zur Verfügung. Sein Rauschen beträgt mit ca. $4\,\text{nV}/\sqrt{\text{Hz}}$ nur etwa ein Fünftel nichtrauscharmer Typen.

Nehmen wir einmal an, der NE 5534 N solle zum Aufbau eines Verstärkers mit einer Bandbreite von 10 000 Hz verwendet werden. Dann ergibt sich die Rauschspannung am Eingang zu

$$U_r = \frac{\sqrt{B}\cdot U_{ir}}{\sqrt{\text{Hz}}} = \frac{\sqrt{100\,000\,\text{Hz}}\cdot 4\,\text{nV}}{\sqrt{\text{Hz}}} = \frac{\sqrt{10\,000}\cdot\sqrt{\text{Hz}}\cdot 4\,\text{nV}}{\sqrt{\text{Hz}}} = \frac{100\cdot\sqrt{\text{Hz}}\cdot 4\,\text{nV}}{\sqrt{\text{Hz}}} = 400\,\text{nV}.$$

Diese Rauschspannung tritt am Verstärkerausgang natürlich um den Faktor v verstärkt auf.

Die vollständige Schaltung eines mit dem NE 5534 N bestückten rauscharmen Vorverstärkers ist in *Bild 3.1* wiedergegeben. Der Faktor v beläuft sich hier auf 100, der Eingangswiderstand auf 11 kΩ. Die Ausgangsimpedanz unmittelbar am Anschluß 6 des OP beträgt etwa 1 Ω. Die untere Grenzfrequenz wurde zu 20 Hz ermittelt, die obere zu 150 kHz (bei C_c = 15 pF). Bemißt man den Frequenzgangkorrektur-Kondensator C_c größer, so nimmt die obere Grenzfrequenz ab. Ohne den Kondensator C_c würde die Schaltung schwinganfällig sein. Bei der gewählten Speisespannung von 9 V ist der Verstärker bis zu 5 V_{ss} aussteuerbar.

Zum Rauschen des Operationsverstärkers kommt natürlich noch das der Widerstände hinzu, mit denen er beschaltet ist. Um dieses klein zu halten und so die guten Rauscheigenschaften des OP richtig zur Geltung zu bringen, muß der Gegenkoppelungszweig einen möglichst niedrigen Gesamtwiderstand aufweisen. (Das Rauschen nimmt bekanntlich mit dem Widerstandswert ab.) Da nun der Widerstand R_1 einerseits und die Reihenschaltung von R_2 mit dem 220-μF-Kondensator andererseits wechselstrommäßig eine Parallelschaltung bilden, entspricht der resultierende Gesamtwiderstand praktisch dem Wert von R_2. Dieser ist mit 47 Ω klein genug, um ein niedriges Widerstandsrauschen zu gewährleisten.

Die Schaltung läßt sich gut als Vorverstärker für ein dynamisches Mikrofon benutzen. Dessen Ausgangswiderstand liegt in der Größenordnung von 200 Ω, womit auch der am P-Eingang wirksame Widerstand rauschspannungsmäßig genügend klein ist.

Die Offsetspannung des NE 5534 N läßt sich mittels eines Trimmpotis von 100 kΩ kompensieren, das man mit den Anschlüssen 1 und 8 verbindet und dessen Schleifer man über einen Widerstand von 10 kΩ an die positive Speisespannungsleitung anschließt.

Der NE 5534 N weist folgende Daten auf:

Grenzdaten

U_b = ±22 V
U_i = ±U_b
U_{id} = ±0,5 V
P_{tot} = 500 mW
T_u = 0...70 °C

Kenndaten

I_b = 4 mA
R_i = 100 kΩ
I_i = 500 nA
U_{io} = 5 mV
I_{io} = 20 nA

I_{QS} = 38 mA
v_o = 100 dB
B_1 = 10 MHz
$\frac{dU_Q}{dt}$ = 13 V/μs

3.2 Vorverstärker mit Höhen- und Tiefeneinstellung

Bild 3.2 zeigt die Schaltung eines zweistufigen Vorverstärkers, mit dem sich Höhen und Tiefen unabhängig voneinander einstellen lassen.

Die erste Stufe ist mit drei Gegenkopplungskanälen versehen, von denen zwei frequenzabhängig arbeiten. Nach höheren Frequenzen zu nimmt die Verstärkung mehr und mehr ab. Aufgrund dieses Frequenzgangs eignet sich die Schaltung auch gut als Verstärker für einen magnetischen Tonabnehmer.

Der Verstärkungsfaktor v der ersten Stufe läßt sich mittels des Trimmpotis TP im Verhältnis 1:2 verändern. In Abhängigkeit von der Frequenz f und der Eingangsspannungsamplitude U_i (V_{ss}) ergaben sich für diese Stufe folgende Meßwerte:

f	TP	U_i	U_Q	v
100 Hz	100 Ω	0,02 V_{ss}	7 V_{ss}	350
100 Hz	0 Ω	0,01 V_{ss}	7 V_{ss}	700
1 kHz	100 Ω	0,08 V_{ss}	7 V_{ss}	87,5
1 kHz	0 Ω	0,04 V_{ss}	7 V_{ss}	175
10 kHz	100 Ω	0,38 V_{ss}	7 V_s	18,5
10 kHz	0 Ω	0,19 V_{ss}	7 V_s	37

Bei einer Speisespannung von ±9 V statt ±6 V ist eine verzerrungsfreie Ausgangsspannung der ersten Stufe von 11 V_{ss} statt 7 V_{ss} erreichbar.

Befinden sich die Schleifer des Höhen- und des Tiefeneinstellers in Mittelstellung, so beträgt die Verstärkung der zweiten Stufe unabhängig von der jeweiligen Frequenz der Signalspannung 1. In den Einstellungen „a" werden die Höhen bzw. die Tiefen in der Amplitude angehoben, in den Einstellungen „b" abgeschwächt. Aus der Tabelle auf Seite 46 geht hervor, in welcher Weise die Signalspannungsamplitude durch die Potentiometer H und T beeinflußt werden kann. Unter „U_i" ist hier die Spannung am Schleifer des Lautstärkepotentiometers L zu verstehen, unter „U_Q" die Ausgangsspannung der zweiten Stufe.

Wir erkennen aus dieser Tabelle unter anderem, daß bei Mittelstellung beider Potentiometer die Verstärkung der zweiten Stufe unabhängig von der Frequenz 1 beträgt.

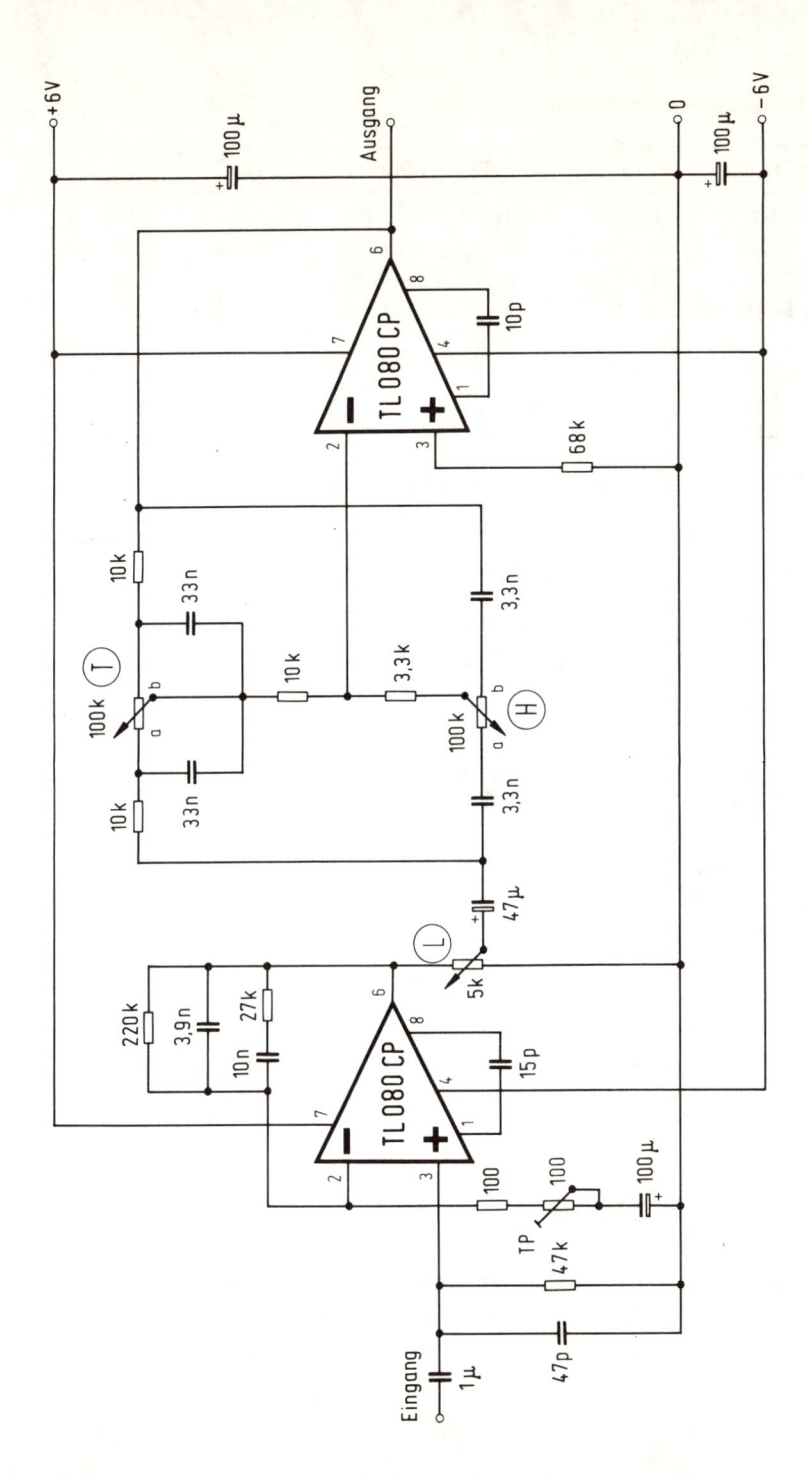

3.2 Vorverstärker mit Höhen- und Tiefeneinstellung (nach Unterlagen der Firma Texas Instruments)

f	U_i	Poti T	Poti H	U_Q	v
100 Hz	1,8 V_{ss}	Mitte	beliebig	1,8 V_{ss}	1,00
100 Hz	1,8 V_{ss}	a	beliebig	7,0 V_{ss}	3,90
100 Hz	1,8 V_{ss}	b	beliebig	0,5 V_{ss}	0,28
1 kHz	3,0 V_{ss}	beliebig	beliebig	3,0 V_{ss}	1,00
10 kHz	1,4 V_{ss}	beliebig	Mitte	1,4 V_{ss}	1,00
10 kHz	1,4 V_{ss}	beliebig	a	7,0 V_{ss}	5,00
10 kHz	1,4 V_{ss}	beliebig	b	0,4 V_{ss}	0,28

Wie am Ausgang der ersten Stufe ist auch am Ausgang der zweiten bei $U_b = \pm 6$ V eine unverzerrte Signalspannung von max. 7 V_{ss} erreichbar.

Da die Stromaufnahme des Verstärkers nur ±4,5 mA beträgt, kann man ihn auch aus zwei Transistorbatterien à 9 V speisen.

Die Daten des TL 080 CP sind folgende:

Grenzdaten
U_b = ±18 V
U_i = ±U_b (max. ±15 V)
U_{id} = ±30 V
P_{tot} = 680 mW
T_u = 0...70 °C

Kenndaten
I_b = 1,4 mA
R_i = 10^{12} Ω
I_i = 30 pA
U_{io} = 5 mV
I_{io} = 5 pA

v_o > 100 dB
B_1 = 8 MHz
$\frac{dU_Q}{dt}$ = 13 V/µs
(Der OP ist kurzschlußfest).

Anstelle der beiden Einzel-OPs TL 080 CP kann auch der Doppeltyp TL 082 CP verwendet werden, der die gleichen Daten besitzt, jedoch einen Ruhestrom I_b von 2,8 mA aufnimmt.

3.3 Leitungsverstärker

Tonfrequenz- und sonstige Signalspannungen, die über längere Leitungen fortgeführt werden sollen, müssen niederohmigen Quellen entstammen. Andernfalls würden sich ihnen leicht Störspannungen überlagern. Ist jedoch

3.3 Leitungsverstärker

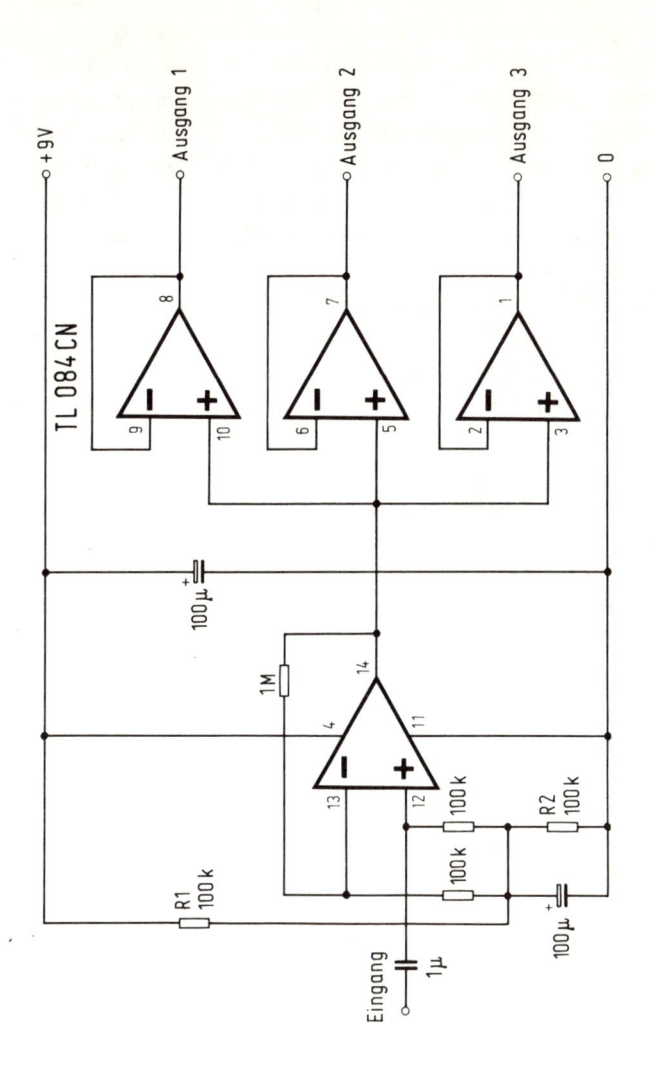

3.3 Leitungsverstärker (nach Unterlagen der Firma Texas Instruments)

ein kleiner Generatorwiderstand gegeben, so bildet dieser für die Störungen einen mehr oder weniger starken Kurzschluß und macht sie unwirksam.

Ist ein entsprechend niedriger Quellenwiderstand nicht von vornherein vorhanden, so ordnet man zwischen Generator und Leitung einen Impedanzwandler an. Wie schon in Abschnitt 2.2 ausgeführt, besitzt ein solcher Wandler oder Spannungsfolger einen sehr kleinen Ausgangswiderstand. Man bezeichnet ihn in diesem Zusammenhang auch als Leitungsverstärker.

Eine derartige Schaltung ist in *Bild 3.3* wiedergegeben. Die Eingangsspannung gelangt zunächst zu einer Vorstufe, wo sie um den Faktor 11 verstärkt wird. Die Widerstände R_1 und R_2 zu je 100 kΩ bewirken eine Teilung der Speisespannung, so daß der P- und der N-Eingang des OP auf je +4,5 V zu liegen kommen. Vom Anschluß 14 aus wird die Signalspannung drei Impedanzwandlern zugeleitet, so daß drei voneinander unabhängige Ausgänge zur Verfügung stehen. Die Vorverstärkung verbessert zusätzlich das Verhältnis Nutzspannung/Störspannung.

Der Leitungsverstärker ist aussteuerbar bis zu 4,2 V_{ss}. Seine Bandbreite erstreckt sich von 10 Hz bis zu 160 kHz. Das IC TL 084 CN ist ein Vierfach-Operationsverstärker, der die gleichen Daten wie der TL 080 CP besitzt; lediglich der Ruhestrom I_b ist mit 5,6 mA um den Faktor 4 größer.

3.4 7-W-Verstärker

Außer den Operationsverstärkern, die in der Regel nur verhältnismäßig geringe Leistungen abgeben können, bietet die Industrie integrierte NF-Verstärker mit Ausgangsleistungen bis zu 10 W und höher an. Solchen Schaltkreisen brauchen im allgemeinen nur wenige externe Bauelemente hinzugefügt zu werden.

In *Bild 3.4* ist die Schaltung eines Tonfrequenzverstärkers mit dem IC TBA 810 AS wiedergegeben, der einen Lautsprecher von 4 Ω betreibt. Die erzielbare Ausgangsleistung ist um so größer, je höher man die Speisespannung +U_b wählt, und beträgt maximal 7 W.

Aus nachstehender Tabelle geht hervor, welche Ausgangsleistung P bei extrem kleinem Klirrfaktor in Abhängigkeit von +U_b jeweils erreichbar ist und welche Sinus-Eingangsspannung U_i hierzu benötigt wird. Fernerhin ist der

3.4 7-W-Verstärker

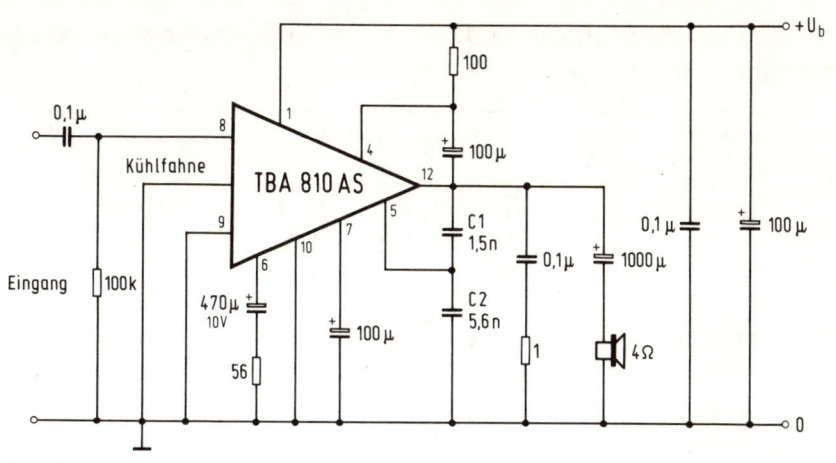

3.4 7-W-Verstärker (nach Unterlagen der Firma Telefunken electronic)

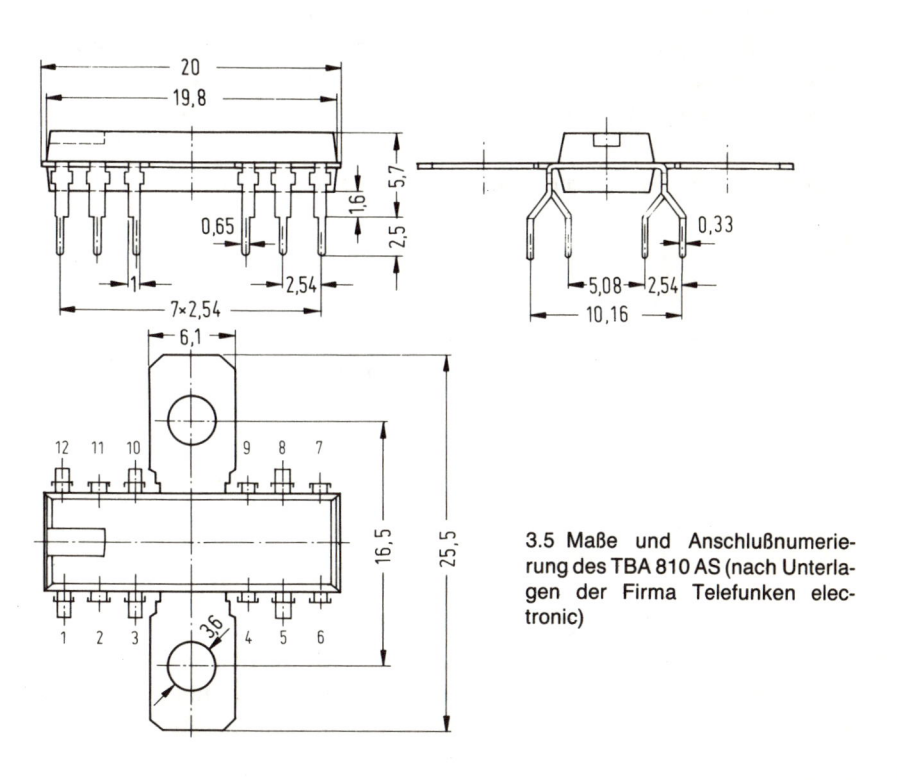

3.5 Maße und Anschlußnumerierung des TBA 810 AS (nach Unterlagen der Firma Telefunken electronic)

3 NF-Kleinleistungsverstärker

jeweilige Speisestrom I genannt. Die Angaben gelten für einen Frequenzbereich von etwa 1-20 kHz.

P (W)	+U_b (V)	U_i (V_{ss})	I (A)
2,5	12	0,18	0,45
3,7	15	0,22	0,54
5,4	18	0,27	0,67
7,0	20	0,30	0,74

Form, Maße und Anschlußnumerierung des TBA 810 AS gehen aus *Bild 3.5* hervor. Die doppellaschige Montage-Kühlfahne wird zur Wärmeabfuhr an einem senkrecht aufzubauenden Stück Aluminiumblech 80 x 80 x 2 mm^3 festgeschraubt. Zur Aufnahme des Schaltkreises ist zuvor in der Mitte der Aluplatte ein Ausschnitt von 20 x 11 mm^2 anzubringen. Die Kühlfahne erhält durch die Montage automatisch elektrische Verbindung mit dem Blech. Die externen Bauelemente können auf zwei Keramik-Lötleisten untergebracht werden, die man ebenfalls an der Kühlplatte anschraubt. Alle Masseleitungen sind sternpunktförmig mit dem Blech zu verbinden, was mittels einer Lötfahne geschehen kann.

Die Daten des Verstärkers TBA 810 AS sind folgende:

Grenzdaten

U_b = +20 V
I_Q (Spitze) = 2,5 A
P_{tot} ($T_{Gehäuse}$ = 100 °C) = 5 W

Kenndaten

I_b = 12 mA
R_i = 5 MΩ
I_i = 0,4 µA
v_o = 80 dB

3.5 12-W-Verstärker

Bild 3.6 zeigt die Schaltung eines 12-W-Tonfrequenzverstärkers mit dem Baustein TDA 2030. Als Kühlkörper kann ein Alublech von mindestens 100 x 100 x 2 mm^3 benutzt werden, das senkrecht anzuordnen ist. Die übrigen Bauteile lassen sich auf zwei keramischen Lötleisten unterbringen, die mit etwa 15 mm

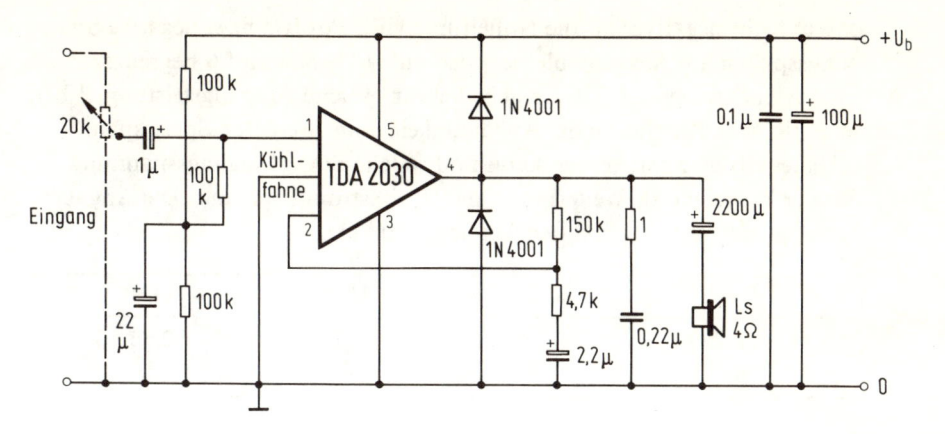

3.5 12-W-Verstärker

3.6 12-W-Verstärker (nach Unterlagen der Firma Telefunken electronic)

3.7 Maße und Anschlußnumerierung des TDA 2030 (nach Unterlagen der Firma Telefunken electronic)

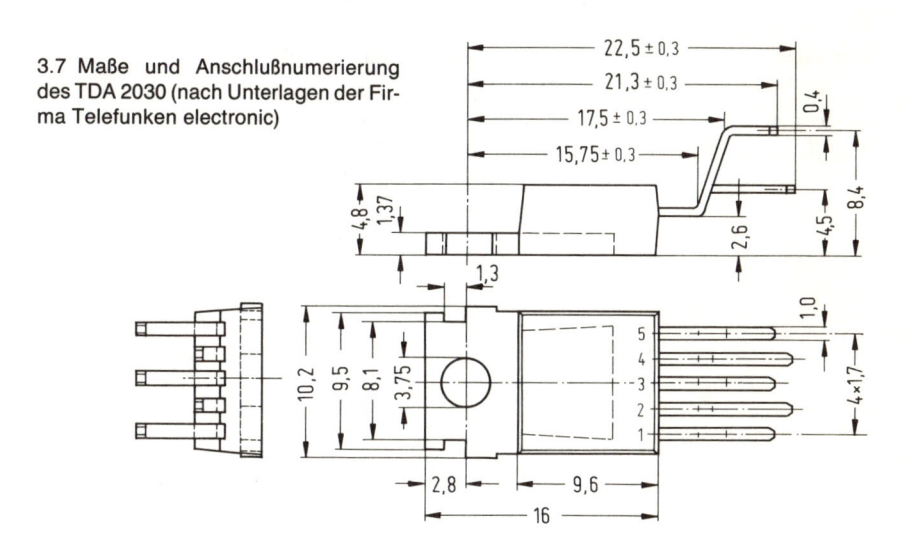

Abstand ebenfalls am Kühlblech befestigt werden. Die Anschlußbelegung des TDA 2030 geht aus *Bild 3.7* hervor.

Eine Besonderheit des Verstärkers liegt darin, daß er ausgangsseitig mit zwei Dioden beschaltet ist. Die *obere* davon bewirkt, daß der Ausgang nicht positiver als die positive Versorgungsleitung werden kann, und die *untere*,

3 NF-Kleinleistungsverstärker

daß er nicht negativer als die Nulleitung wird. Positive bzw. negative Spannungsspitzen am Ausgang bleiben also auf $+U_b$ bzw. auf 0 begrenzt.

Aus nachstehender Tabelle geht hervor, welche Ausgangsleistung P bei sehr kleinem Klirrfaktor in Abhängigkeit vom Wert der Speisespannung $+U_b$ jeweils erreicht werden kann und welche Sinus-Eingangsspannung U_i dazu erforderlich ist. Weiterhin ist der Speisestrom I genannt. Die Angaben beziehen sich auf den Frequenzbereich 1-30 kHz.

P (W)	$+U_b$ (V)	U_i (V_{ss})	I (A)
7,2	24	0,6	0,75
12,3	30	0,65	1

Der Verstärker TDA 2030 weist folgende Daten auf:

Grenzdaten   **Kenndaten**

U_b = ±18 V I_b = 40 mA

I_Q (Spitze) = 3,5 A R_i = 5 MΩ

P_{tot} ($T_{Gehäuse}$ = 90 °C) = 20 W I_i = 0,2 µA

v_o = 90 dB

4 Meßschaltungen

4.1 Einweg-Meßgleichrichter, nichtinvertierend

An jeder Diode und somit an jedem Gleichrichter fällt im Betrieb die sogenannte Durchlaß- oder Anlaufspannung ab, um die sich die Ausgangsspannung vermindert. Ihr Wert ist strom- sowie materialabhängig und beträgt bei Germaniumdioden im Mittel etwa 0,3 V, bei Siliziumdioden 0,6 V. Soweit die gleichzurichtende Wechselspannung groß gegenüber der Durchlaßspannung ist, kann man deren Einfluß vernachlässigen. Handelt es sich jedoch um eine kleinere Wechselspannung und soll diese über die gleichgerichtete Spannung gemessen werden, so verursacht die Anlaufspannung einen verhältnismäßig großen Fehler.

Bild 4.1 zeigt die Schaltung eines nichtinvertierenden Meßgleichrichters, bei dem die Durchlaßspannung mit hoher Genauigkeit kompensiert wird. Die Diode am Ausgang des OP ist so gepolt, daß von der Eingangswechselspannung nur die positiven Halbwellen zum Schaltungsausgang gelangen, die negativen dagegen unterdrückt werden. Polt man die Diode um, so ergeben sich umgekehrte Verhältnisse.

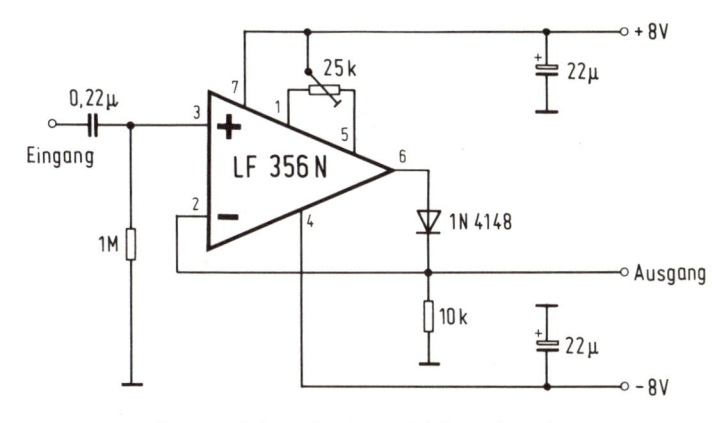

4.1 Einweg-Meßgleichrichter, nichtinvertierend

4 Meßschaltungen

Zum Verständnis der Wirkungsweise brauchen wir uns nur zu vergegenwärtigen, daß bei einem Operationsverstärker im normalen Betrieb die Spannung am N-Eingang die gleiche ist wie die am P-Eingang. Da nun der N-Eingang hier auch den Schaltungsausgang bildet, entspricht die Ausgangsspannung in Bezug auf die positiven Halbwellen genau der Eingangsspannung. Wir können uns diesen Effekt auch damit erklären, daß der Operationsverstärker unter Abzug der Diodenanlaufspannung ja voll gegengekoppelt ist und so einen Spannungsfolger für die positiven Halbwellen darstellt.

Der Meßgleichrichter ist innerhalb des Frequenzbereiches 10 Hz-1 kHz für Sinuseingangsspannungen von 2-5 V_{ss} geeignet. Bei Einhalten dieser Werte entsprechen die positiven Halbwellen am Ausgang in Form und Amplitude exakt den positiven Halbwellen der Eingangsspannung.

Die Offsetspannung am Verstärkerausgang wirkt sich auf den Ausgang des Meßgleichrichters nur sehr wenig aus, und zwar bei negativer Offsetspannung überhaupt nicht, weil die Diode dann sperrt, und bei positiver lediglich in Differenz zur Diodendurchlaßspannung. Man wird aber trotzdem ein Kompensations-Potentiometer verwenden, da eine Meßschaltung ja mit möglichst hoher Genauigkeit arbeiten soll.

Eine höhere Belastbarkeit des Gleichrichters wird erreicht, indem man die Ausgangsspannung nicht unmittelbar, sondern über einen Spannungsfolger abgreift.

4.2 Einweg-Meßgleichrichter, invertierend

Der Meßgleichrichter nach *Bild 4.2* besteht aus einem invertierenden Verstärker, dem zwei Dioden D_1 und D_2 zugeordnet sind. Bei den positiven Halbwellen des Eingangssignals treten am OP-Ausgang negative Halbwellen auf, die über D_2 zum Ausgang der Schaltung gelangen. Die Gegenkopplung erfolgt allein über den Widerstand R_2, da D_1 sperrt. Die negativen Halbwellen der Eingangsspannung rufen infolge der Invertierung am Operationsverstärkerausgang positive Signale hervor. Diese werden jedoch durch die Diode D_1 stark gegengekoppelt und durch D_2 dem Schaltungsausgang ferngehalten,

4.3 Vollweg-Meßgleichrichter

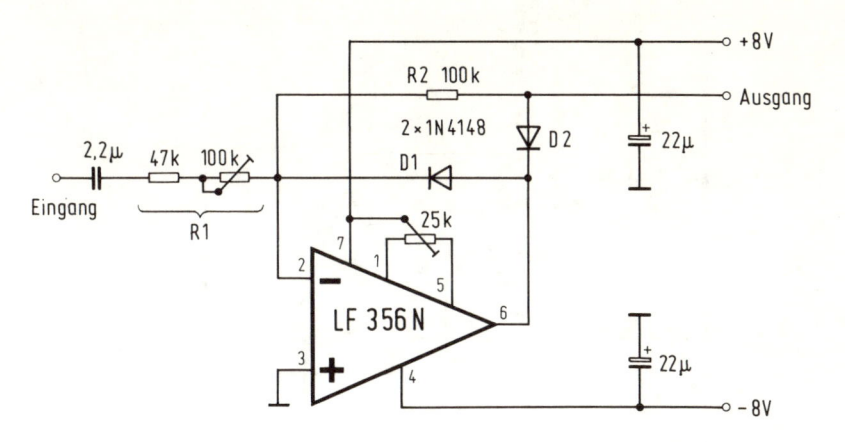

4.2 Einweg-Meßgleichrichter, invertierend

womit dessen Potential auf Null zu liegen kommt. Will man positive Ausgangssignale erhalten, so sind die Dioden umzupolen.

Die Ausgangsspannung ist bei gegebener Eingangsspannung um so höher, je größer man den Widerstand R_2 gegenüber R_1 bemißt. Wird R_1 oder ein Teil davon durch ein Potentiometer gebildet, so ergibt sich der Vorteil, daß man in verschiedenem Maßstab gleichrichten kann. Bei $R_1 = R_2$ beträgt der Verstärkungsfaktor 1.

Innerhalb des Frequenzbereiches 10 Hz-2,5 kHz und bei Sinuseingangsspannungen zwischen 1,2 und 5 V_{ss} arbeitet der Meßgleichrichter mit sehr guter Genauigkeit ($R_1 = R_2$).

4.3 Vollweg-Meßgleichrichter

Bei dem Vollweg- oder Zweiweg-Meßgleichrichter nach Schaltung *Bild 4.3* ergeben sowohl die positiven als auch die negativen Halbwellen der Eingangsspannung positiv gerichtete Ausganssignale gleicher Form und gleichen Wertes. Der Operationverstärker OP 1 arbeitet in bekannter Weise als invertierender Meßgleichrichter, OP 2 als invertierender Addierer (vgl. Abschnitt 9.1).

4 Meßschaltungen

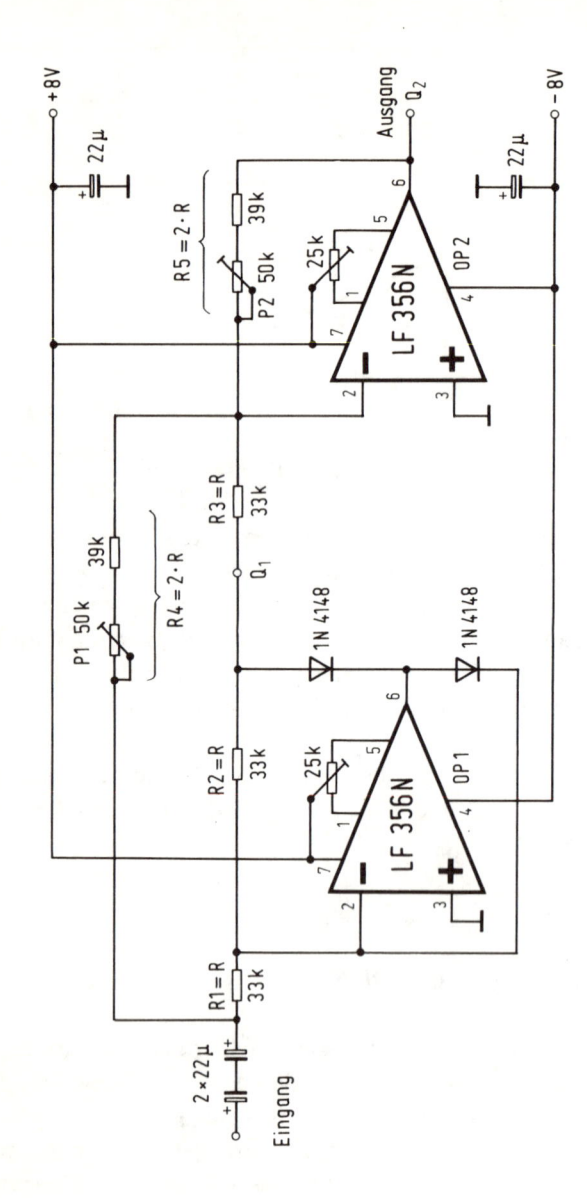

4.3 Vollweg-Meßgleichrichter

56

4.3 Vollweg-Meßgleichrichter

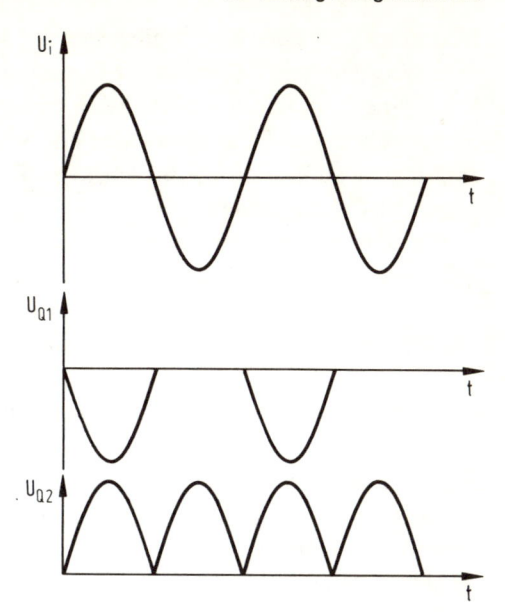

4.4 Zur Wirkungsweise des Vollweg-Meßgleichrichters

Zum Verständnis der Wirkungsweise sind in *Bild 4.4* die Eingangsspannung U_i sowie die Spannungen U_{Q1} und U_{Q2} dargestellt, von denen U_{Q2} die Ausgangsspannung ist. Eine positive Halbwelle am Eingang ruft aufgrund des Widerstandsverhältnisses R_2/R_1 eine gleich große negative Schwingung am Punkt Q_1 hervor. Diese gelangt über R_3 zum N-Eingang des Operationsverstärkers OP 2, der über R_5 gegengekoppelt ist. Da R_5 einen doppelt so hohen Wert wie R_3 aufweist, würde am Ausgang von OP 2 normalerweise auch eine doppelt so große positive Halbwelle auftreten, wie an Punkt Q_1 als negative Halbwelle ansteht. Da aber vom Eingang her über R_4 zugleich ein positives Signal zum N-Eingang von OP 2 gelangt und so das Ausgangssignal an Q_2 auch in negativer Richtung verschoben wird, zieht sich der eine Signalwert vom anderen ab, womit die positive Halbwelle an Q_2 den gleichen Wert wie die am Eingang besitzt.

Bei negativer Eingangshalbwelle kommt der Punkt Q_1 auf Null zu liegen. Die Schwingung gelangt aber über R_4 auch zum N-Eingang von OP 2, so daß an dessen Ausgang wiederum eine positive Halbwelle entsteht.

Zum Abgleich der Schaltung wird an den Eingang eine Sinusspannung von beispielsweise 2 V_{ss} und 100 Hz angelegt. Danach werden mit dem

Trimmpoti P_1 die positiven Halbwellen des Ausgangs auf untereinander gleichen Wert eingestellt. (Ohne diese Einstellung sind immer nur die 1., 3. und 5. bzw. die 2., 4. und 6. Halbwelle einander gleich). Anschließend ist P_2 so einzuregulieren, daß die Halbwellen am Ausgang den gleichen Wert wie die am Eingang aufweisen. Die beiden 25-kΩ-Trimmpotis dienen zum Kompensieren der Offsetspannung.

Der Meßgleichrichter ist im Bereich 10 Hz-2,8 kHz für Sinuseingangsspannungen zwischen 1 und 5 V_{ss} geeignet.

4.4 Voltmeter mit Elektrometerverstärker

Ein Elektrometerverstärker zeichnet sich durch hohen Eingangs- und niedrigen Ausgangswiderstand aus. Er eignet sich daher in besonderer Weise zum Messen von Spannungen hochohmiger Quellen mittels eines relativ niederohmigen Voltmeters.

Die Schaltung eines solchen Verstärkers ist in *Bild 4.5* wiedergegeben. Sein Eingangswiderstand beträgt etwa 10^{12} Ω, sein Ausgangswiderstand weniger als 1 Ω. Es gilt die Formel

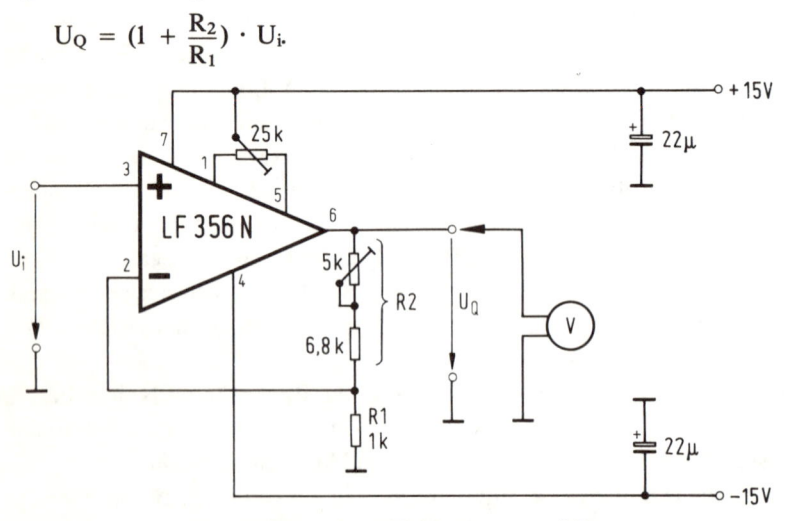

$$U_Q = (1 + \frac{R_2}{R_1}) \cdot U_i.$$

4.5 Voltmeter mit Elektrometerverstärker

Bei Einstellung von R_2 auf 9 kΩ ist also eine Spannungsverstärkung von 10 gegeben.

Die Schaltung arbeitet sehr exakt zwischen $U_i = -1{,}3$ V und $U_i = +1{,}3$ V, was einer Ausgangsspannung U_Q zwischen -13 V und $+13$ V entspricht. Das Voltmeter sollte somit einen Meßbereich von mindestens 15 V aufweisen.

Will man die Schaltung für Aufgaben benutzen, bei denen es auf hohe Genauigkeit ankommt, so sollten die Festwiderstände Metallschicht-Typen und die beiden Trimmpotis Cermet-Mehrgang-Typen sein.

4.5 Millivoltmeter

Bild 4.6 zeigt die Schaltung eines Gleichspannungs-Millivoltmeters mit den Meßbereichen 1, 10, 100, 1 000 und 10 000 mV. Zur Anzeige des Meßwertes dient ein Drehspulinstrument mit 1 mA Vollauschlag, das im Gegenkopplungszweig des Operationsverstärkers liegt. Die fünf umschaltbaren Widerstände 1 Ω-10 kΩ sollten im Interesse einer hohen Genauigkeit des Gerätes eine Toleranz von nicht mehr als 1 % besitzen.

Bemerkenswert bei dieser Schaltung ist, daß der Innenwiderstand des Strommessers in die Messung nicht eingeht und deshalb von beliebigem Wert sein kann. Machen wir uns dies anhand einer kurzen Überlegung klar. Beträgt die zu messende Eingangsspannung beispielsweise +1 V, so kommt infolge der Selbstregelung des Operationsverstärkers außer dem P-Eingang auch der N-Eingang auf +1 V zu liegen. Dies bedeutet, daß der dem 1-V-Bereich zugehörige Meßwiderstand vom Strom $I = \dfrac{U}{R} = \dfrac{1\text{ V}}{1\text{ k}\Omega} = 1$ mA durchflossen wird. Da dieser Strom nur vom Ausgang des Operationsverstärkers her kommen kann, fließt auch im Drehspulinstrument unabhängig von dessen Eingangswiderstand genau 1 mA.

Der 100-kΩ-Widerstand und der 0,1-μF-Kondensator bilden ein Siebglied. Ihre Aufgabe ist, etwaige Störwechselspannungen auf der Meßleitung vom Verstärkereingang fernzuhalten. Der 1-MΩ-Widerstand dient zum Entladen des Kondensators.

Der Offsetspannungsabgleich sollte im kleinsten Meßbereich durchge-

4 Meßschaltungen

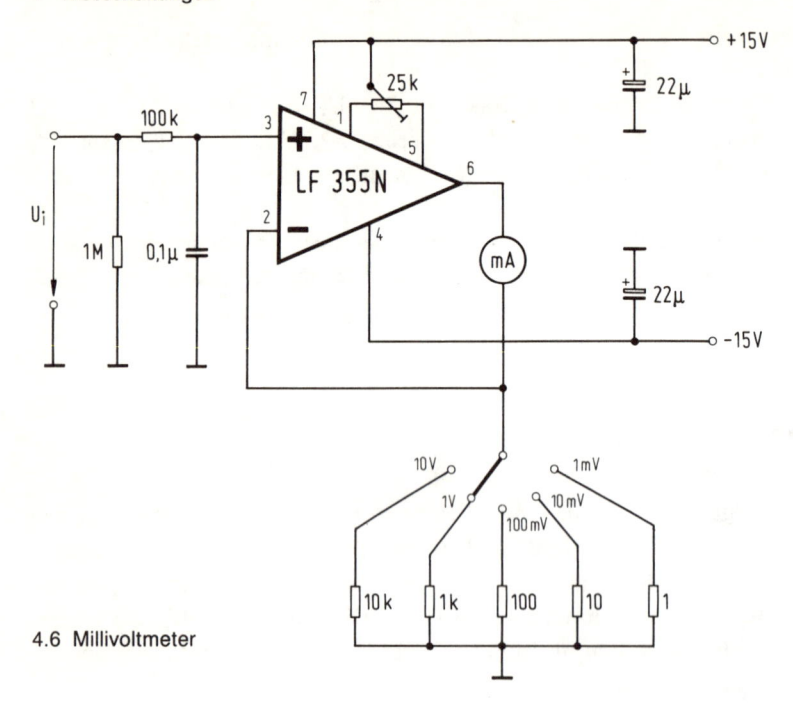

4.6 Millivoltmeter

führt werden, da er hier am meisten kritisch ist. Änderungen der Umgebungstemperatur machen in diesem Bereich für genaues Messen möglicherweise eine Änderung des Offsetspannungsabgleichs erforderlich. Im übrigen arbeitet die Schaltung stabil und mit hoher Linearität.

4.6 Mikroamperemeter

Die Wirkungsweise des Mikroamperemeters nach *Bild 4.7* ist im Prinzip die gleiche wie die des zuvor beschriebenen Millivoltmeters. Es wird ebenfalls ein nichtinvertierender Verstärker mit einem Drehspulinstrument von 1 mA Vollausschlag im Gegenkopplungszweig benutzt. Die Meßwiderstände liegen hier jedoch nicht am N-, sondern am P-Eingang, der zugleich Schaltungseingang ist. Sie werden von dem zu messenden Strom I durchflossen und sind

4.6 Mikroamperemeter

4.7 Mikroamperemeter

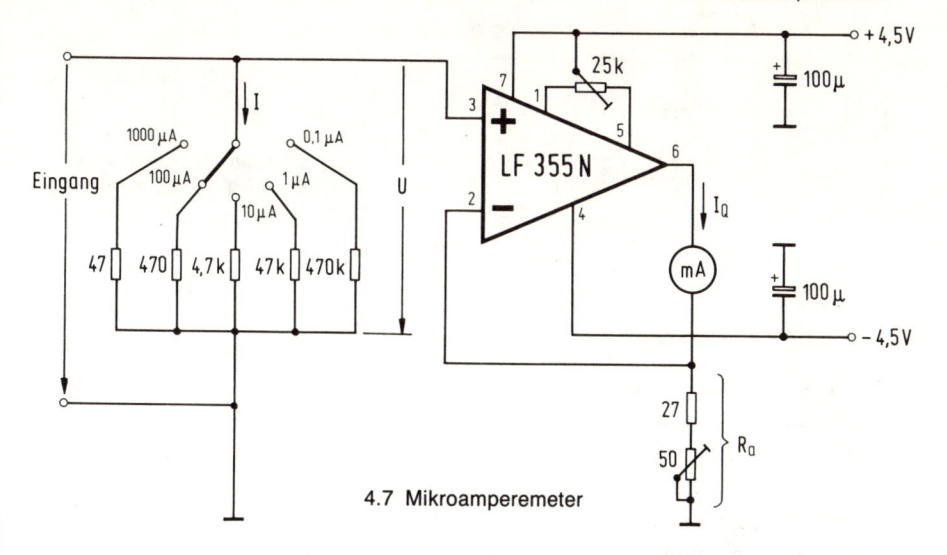

so dimensioniert, daß in allen der fünf Bereiche (0,1, 10, 100 und 1 000 μA) bei maximalem I-Wert jeweils eine Spannung U von 0,047 V an ihnen abfällt. Diese wird vom Operationsverstärker in den Strom I_Q von 1 mA umgesetzt. Es gilt die Beziehung

$$I_Q = \frac{U}{R_a},$$

aus der sich R_a zu

$$R_a = \frac{U}{I_Q} = \frac{0{,}047 \text{ V}}{1 \text{ mA}} = 47 \text{ Ω}$$

ergibt. Um den Instrumtenkreis optimal auf den Eingangsteil abstimmen zu können, sollte R_a regulierbar sein.

Zum Abgleich des Mikroamperemeters stellt man zunächst bei offenen Eingangsklemmen das 25-kΩ-Trimmpoti für die Offsetspannung so ein, daß der Strom I_Q Null beträgt. Anschließend speist man in einem beliebigen Meßbereich den entsprechenden Nennstrom in den Eingangsteil ein und gleicht das 50-Ω-Trimmpoti so ab, daß I_Q genau 1 mA beträgt. Damit stimmen automatisch auch alle übrigen Bereiche, vorausgesetzt, daß die Meßwiderstände genügend kleine Toleranzen besitzen (1 % oder weniger).

4 Meßschaltungen

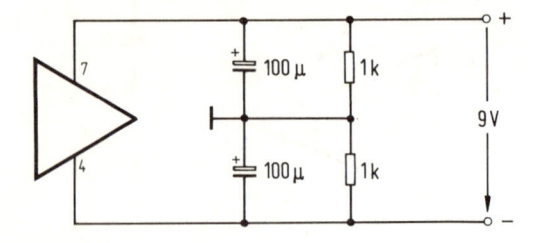

4.8 Speisen des Mikroamperemeters mit einer 9-V-Transistorbatterie

Die beiden Trimmpotis sollten möglichst Cermet-Mehrgang-Typen sein, da solche eine besonders hohe Einstellgenauigkeit besitzen.

Die Schaltung arbeitet recht präsise und gut linear. Man kann sie statt mit ±4,5 V auch aus einer 9-V-Transistorbatterie betreiben, wobei die Speiseleitungen gemäß *Bild 4.8* mit einem Spannungsteiler zum Erzeugen der Mittelpunktspannung zu beschalten sind. Die Stromaufnahme ist durch den Teiler natürlich etwas höher (insgesamt ca. 7 mA).

Bei dem Operationsverstärker handelt es sich um einen JFET-Typ mit vernachlässigbar kleinem Eingangsruhestrom. Bipolare Typen führen einen sehr viel höheren Biasstrom und sind deshalb für ein solches Gerät nicht geeignet. Dieser Strom würde besonders in den niedrigen Bereichen mit den relativ großen Meßwiderständen einen zusätzlichen Spannungsabfall hervorrufen und so das Meßergebnis verfälschen.

4.7 Strom/Spannungs-Wandler

Wie wir wissen, kommen N- und P-Eingang eines Operationsverstärkers infolge automatischer Regelung zwangsläufig auf gleiches Potential zu liegen. In der Schaltung *Bild 4.9* stellt also der N-Eingang eine virtuelle oder scheinbare Masse dar, was zugleich einen extrem kleinen Eingangswiderstand bedeutet.

Der Eingangsstrom I bleibt somit in seinem Wert vom Wandler selbst unbeeinflußt. Er nimmt seinen Weg von der Klemme her über den Widerstand R und erzeugt daran einen Spannungsabfall, der die Ausgangsspannung bil-

4.9 Strom/Spannungs-Wandler

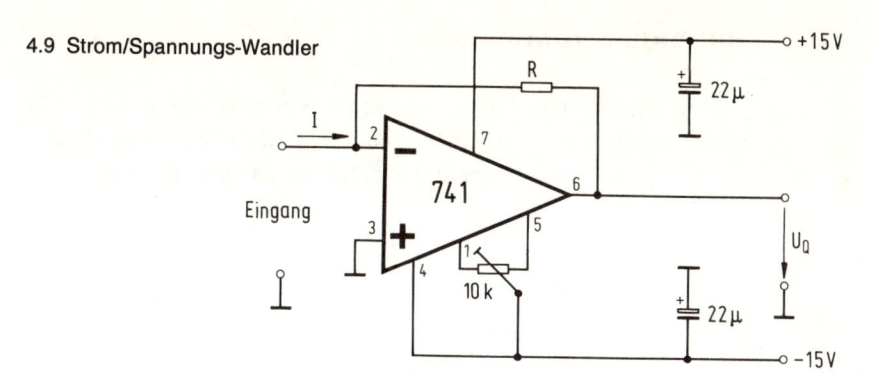

det. Diese errechnet sich zu

$$U_Q = -I \cdot R.$$

Die Schaltung ist damit in geradezu idealer Weise zum maßstabsgerechten Umwandeln eines Stromes in eine Spannung geeignet. Man spricht hier auch von einem Strom/Spannungs-Wandler oder -Konverter.

Nachstehend sind einige Zahlenwerte genannt, die sich aus einer Meßreihe ergaben:

I	R	U_Q
0	1 kΩ	0
+ 5 mA	1 kΩ	− 5 V
− 1,2 mA	10 kΩ	+ 12 V
− 0,1 mA	100 kΩ	+ 10 v
+ 12 μA	1 MΩ	− 12 V

Mit der angegebenen Speisespannung von ± 15 V läßt sich U_Q absolut linear bis zu ± 12 V aussteuern.

Mit kleiner werdendem Strom I macht sich natürlich der Eingangsruhestrom I_i des Operationsverstärkers bemerkbar und führt zu einer Veränderung des Stromes im Widerstand R, womit sich auch die Spannung U_Q verändert. Will man daher sehr kleine Ströme wandeln, wozu entsprechend hohe R-Werte erforderlich sind, wird man anstelle eines bipolaren OP einen JFET-Typ benutzen, dessen Eingangsruhestrom um mehrere Größenordnungen niedriger ist.

4.8 Spannungs/Strom-Wandler

In umgekehrter Weise arbeitet der Spannungs/Strom-Wandler nach *Bild 4.10*. Die Eingangsspannung U_i am P-Eingang ist auf dem Weg vom OP-Ausgang her auch am N-Eingang vorhanden. Der Ausgangsstrom ergibt sich also zu

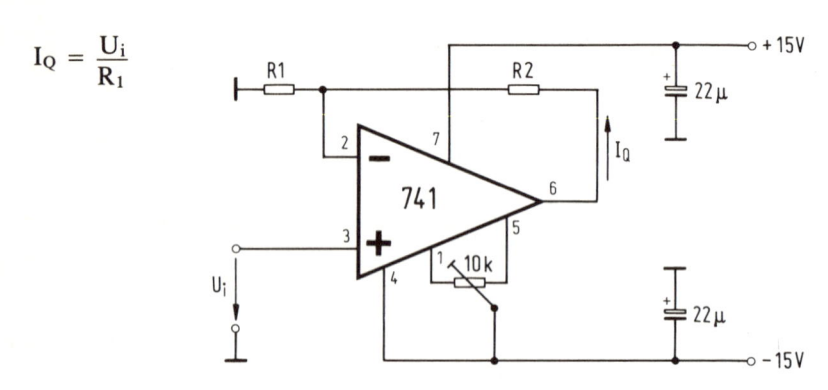

$$I_Q = \frac{U_i}{R_1}$$

4.10 Spannungs/Strom-Wandler

und ist damit der Spannungs U_i verhältnisgleich.

Als Widerstand R_2 kann in den Gegenkopplungszweig ein Strommesser eingefügt werden (Drehspulinstrument oder Digital-Einbaumeßgerät). Der angezeigte Strom ist dann ein Maß für die Spannung U_i. Hierbei spielt es keine Rolle, welchen Eigenwiderstand das Instrument aufweist.

Die Ergebnisse einer Meßreihe sind in nachstehender Tabelle zusammengefaßt:

U_i	R_1	I_Q
0	1 kΩ	0
+13 V	1 kΩ	+13 mA
−5 V	10 kΩ	−0,5 mA
+14 V	10 kΩ	+1,4 mA
−12 V	100 kΩ	−0,12 mA

Mit der benutzten Speisespannung von ±15 V folgt der Strom I_Q der Eingangsspannung U_i absolut linear bis zu einem U_i-Wert von ±14 V.

4.9 Spannungs/Strom-Wandler für geerdeten Lastwiderstand

Bei dem zuletzt vorgestellten Spannungs/Strom-Wandler lag der Lastwiderstand R_2 mit beiden Anschlüssen *hoch*, was je nach Aufgabenstellung manchmal unvorteilhaft ist. Nachstehend wird ein U/I-Wandler beschrieben, bei dem der Lastwiderstand (R_Q) einseitig an Masse liegt (*Bild 4.11*).

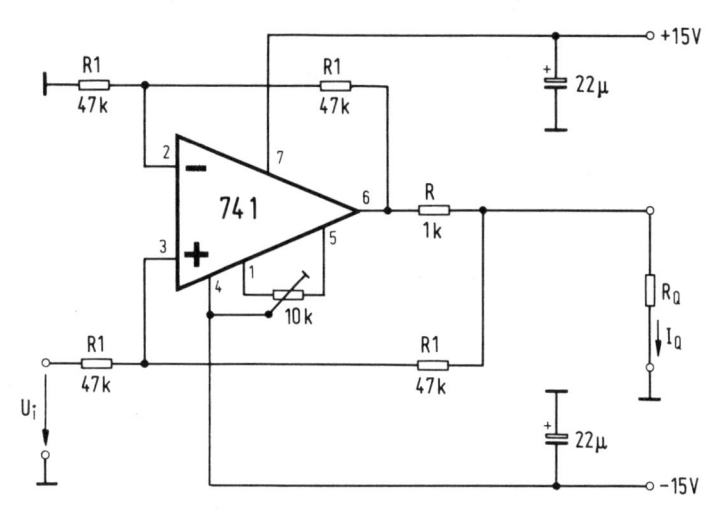

4.11 Spannungs/Strom-Wandler für geerdeten Lastwiderstand

Sofern die einander gleichen Widerstände R_1 sehr viel größer als R sind, ergibt sich der Ausgangsstrom in Abhängigkeit von der Eingangsspannung U_i zu

$$I_Q = \frac{U_i}{R}$$

und der Spannungsabfall an R zu

$$U_R = I_Q \cdot R = U_i.$$

Daß diese Aussage richtig ist, sei anhand eines Rechenbeispiels nachgewiesen. Die Spannung U_i möge 3 V betragen, der Widerstand R 1 kΩ. Der

Strom I_Q beläuft sich somit auf 3 mA (unabhängig von R_Q) und die Spannung U_R auf 3 V. Nehmen wir die Spannung U_{RQ} am Widerstand R_Q zu 1 V an, so sind am Ausgang des Operationsverstärkers 1 V + 3 V = 4 V zu messen. Der N-Eingang kommt also aufgrund der Spannungsteilung durch die Widerstände R_1 auf 1 V zu liegen. Da andererseits die Spannung U_i 3 V und die Spannung U_{RQ} 1 V beträgt, erhält der P-Eingang infolge Teilung durch die beiden *unteren* Widerstände R_1 ebenfalls ein Potential von 2 V. Damit ist der Beweis erbracht, denn wie wir wissen, ist im normalen Betrieb die Spannungsdifferenz zwischen P- und N-Eingang stets Null.

Als Lastwiderstand R_Q kann beispielsweise ein digitales Einbau-Milliamperemeter benutzt werden. Für solche Geräte findet man oft sehr preisgünstige Angebote. Man kann natürlich auch auf ein Drehspulinstrument zurückgreifen.

Mit R = 1 kΩ ergibt sich eine recht gute Linearität des Wandlers bei Eingangsspannungen zwischen +12 V und −12 V. Die Ausgangsströme I_Q betragen dabei zwischen +12 mA und −12 mA.

4.10 Spannungs/Frequenz-Wandler

Mit dem U/f-Wandler nach Schaltung *Bild 4.12* können Gleichspannungen zwischen 0 und +3 V in Frequenzen zwischen 0 und 30 kHz umgesetzt werden. Der Wandler arbeitet im gesamten Bereich mit hoher Linearität.

Die Eingangsspannung U_i gelangt über zwei 15-kΩ-Widerstände zum N- und zum P-Eingang des Operationsverstärkers OP 1. Der Gegenkopplungswiderstand besitzt ebenfalls 15 kΩ, womit die Verstärkung 1 beträgt. Der Feldeffekttransistor BF 244 B ist ein selbstleitender Typ. Befindet er sich im gesperrten Zustand, so beläuft sich die Verstärkung von OP 1 auf +1, im umgekehrten Fall auf −1.

Gehen wir davon aus, daß der FET im Augenblick leite. Dann ruft die positive Eingangsspannung U_i am Ausgang von OP 1 eine gleich große, aber negative Spannung hervor. Sie gelangt zum Integrator mit dem Operationsverstärker OP 2 und läßt an dessen Anschluß 6 eine in positiver Richtung zeitlinear ansteigende Spannung entstehen, die den N-Eingang des Komparators (OP 3) steuert. Sobald diese einen definierten Schwellwert, der durch

4.10 Spannungs/Frequenz-Wandler

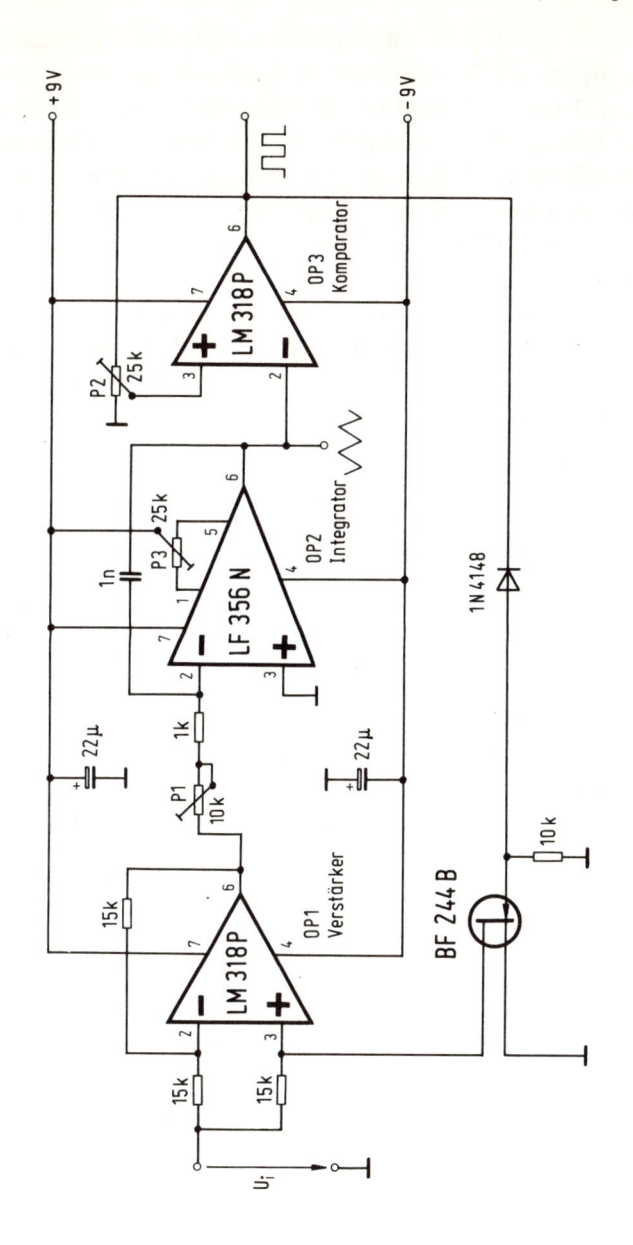

4.12 Spannungs/Frequenz-Wandler

4 Meßschaltungen

die Einstellung von P_2 gegeben ist, überschreitet, schaltet OP 3 um und liefert ein negatives Signal zum Gate des FET, der hierdurch sperrt. Daraufhin wird die Spannung U_i um den Faktor -1 verstärkt und der Integrator erhält ein positives Eingangssignal, das ausgangsseitig eine in negativer Richtung zeitlinear ansteigende Spannung hervorruft. Diese läßt nach Erreichen eines bestimmten Wertes den Komparator abermals ansprechen, so daß der FET in den leitenden Zustand überführt wird. Damit ist wieder der Ausgangszustand hergestellt und das Spiel beginnt von vorn.

Der Integrator liefert also eine Dreieckschwingung, der Komparator eine Rechteckschwingung. Je höher nun die Spannung U_i ist, desto steiler verlaufen die Dreiecksignale und in entsprechend kürzeren Zeitintervallen läßt der Komparator den FET umschalten. Dies heißt nichts anderes, als daß die Schwingungen entsprechend schneller ablaufen. Der Wandler erzeugt mithin Dreieck- und Rechtecksignale, deren Frequenz der Spannung U_i proportional ist. (Nähere Angaben über die Wirkungsweise von Integratoren oder Integrierern sind in den Abschnitten 9.4 und 9.5 des vorliegenden Buches zu finden).

Die Eichung erfolgt bei einer Eingangsspannung von 1,5 V mittels der Trimmpotis P_1 und P_2 auf die Frequenz 15 kHz. Anschließend wird ein Nachabgleich in der Weise vorgenommen, daß man bei $U_i = 5$ mV die Signalfrequenz mit dem Offsetspannungs-Trimmpoti P_3 auf 50 Hz einstellt. Hiermit ist ein exaktes Arbeiten des Wandlers auch bei verhältnismäßig kleinen Eingangsspannungen sichergestellt. (Beim Mustergerät kamen die Schleifer von P_1 und P_2 durch den Abgleich jeweils etwa in Bereichsmitte zu stehen).

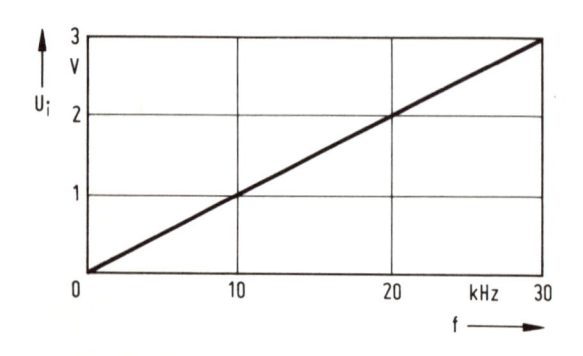

4.13 Frequenz f des U/f-Wandlers in Abhängigkeit von der Eingangsspannung U_i

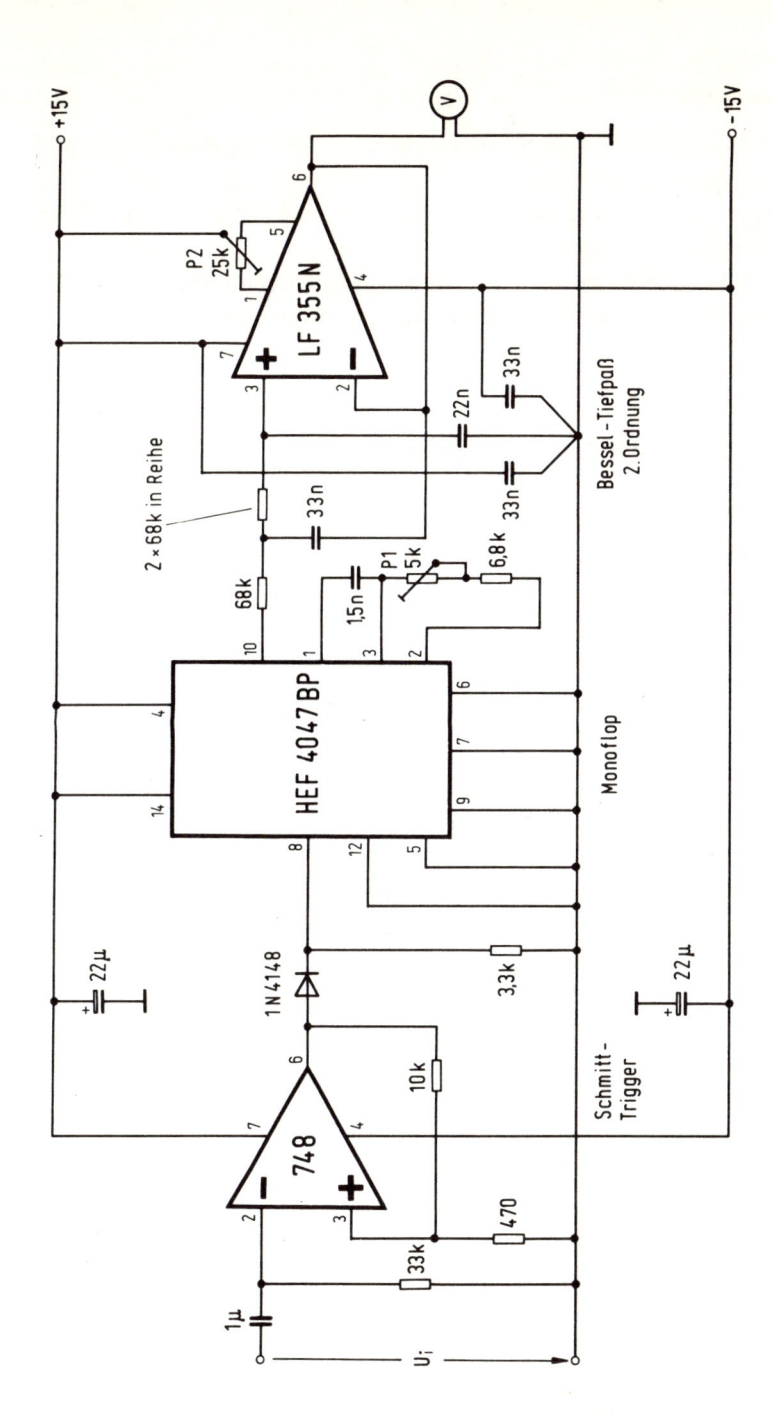

4.14 Frequenz/Spannungs-Wandler

4 Meßschaltungen

Bild 4.13 zeigt den Zusammenhang zwischen der Eingangsspannung U_i und der Frequenz f grafisch auf.

Die Rechteckspannung des Komparators verläuft symmetrisch und beträgt durchgehend 13 V_{ss}.

Die Schaltung läßt sich auch als spannungsgesteuerter Oszillator zum Erzeugen von Dreieck- und Rechteckschwingungen verwenden.

4.11 Frequenz/Spannungs-Wandler

Der f/U-Wandler nach Schaltung *Bild 4.14* setzt Frequenzen von 0-20 kHz in Gleichspannungen von 0-10 V um, wobei die Ansprechschwelle der Eingangsstufe 1,5 V_{ss} beträgt. *Bild 4.15* zeigt die Abhängigkeit der Ausgangsspannung U_Q von der Frequenz f.

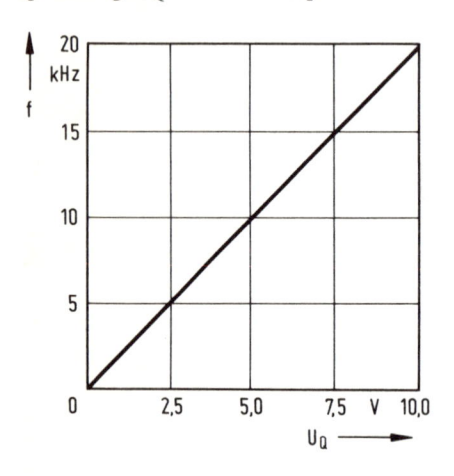

4.15 Ausgangsspannung U_Q des f/U-Wandlers in Abhängigkeit von der Frequenz f

Die Eingangsspannung kann eine beliebige Kurvenform aufweisen. Sie gelangt zu einem Schmitt-Trigger mit dem Operationsverstärker 748, der sie in eine Rechteckspannung mit definierten Flanken und gleichbleibender Amplitude von 25 V_{ss} umwandelt. (Nähere Angaben über die Arbeitsweise von Schmitt-Triggern sind in den Abschnitten 8.1 und 8.2 des vorliegenden Buches zu finden). Die Rechteckspannung wird über eine Diode dem Schaltkreis HEF 4047 BP zugeleitet, der einen monostabilen Multivibrator dar-

4.11 Frequenz/Spannungs-Wandler

stellt. Er liefert ebenfalls Rechteckschwingungen, deren Tastverhältnis aber frequenzabhängig ist. Mit zunehmender Frequenz werden deren positive Scheitel breiter gegenüber den negativen, womit das Voltmeter am Ausgang des Bessel-Tiefpasses 2. Ordnung mit dem Operationsverstärker LF 355 N eine entsprechend höhere Spannung anzeigt. Der Tiefpaß als solcher hat hier allein die Aufgabe, die vom Monoflop abgegebenen Rechteckschwingungen zu glätten. Bei f = 20 kHz (Anzeige = 10 V) beträgt deren Tastverhältnis etwa 2:1 (positiv/negativ).

Vom Schaltungsaufbau her bestehen bei dem f/U-Wandler keine Probleme. Es ist aber unbedingt darauf zu achten, daß die drei an Masse führenden Kondensatoren des Tiefpasses sternpunktförmig daran angeschlossen werden, wie im Schaltbild schon angedeutet. Andernfalls neigt diese Stufe zu Eigenschwingungen.

Die Diode 1 N 4148 schützt das Monoflop vor negativen Eingangsimpulsen, die es zerstören würden.

Zum Abgleich des Wandlers ist bei f = 0 (offener Eingang) das 25-kΩ-Trimmpoti für die Offsetspannung auf Nullanzeige des Instrumentes einzustellen. Danach wird bei f = 10 kHz der 5-kΩ-Trimmer so justiert, daß das Meßgerät 5 V anzeigt. Damit stimmt die Eichung automatisch auch für alle übrigen Werte innerhalb des Bereiches 0-20 kHz.

Als Spannungsmesser kann entweder ein Drehspulvoltmeter mit 10 V Vollausschlag oder ein Digital-Einbauvoltmeter mit einem Meßbereich bis 19,99 V verwendet werden. Der Meßbereich wird dann eben nur zur Hälfte ausgenutzt.

Ausführlicher ist die Wirkungsweise von Tiefpässen in den Abschnitten 10.1 bis 10.4 und 10.7 dieses Buches erklärt.

Die Daten des Operationsverstärkers 748 sind folgende:

Grenzdaten

U_b = ±18 V
U_i = ±U_b (max. ±15 V)
U_{id} = ±30 V
T_u = 0...70 °C

Kenndaten

I_b = 1,7 mA
R_i = 2 MΩ
I_i = 80 nA
R_Q = 75 Ω
U_{io} = 6 mV
I_{Qs} = 18 mA

v_0 = 100 dB
B_1 = 3 MHz
$\dfrac{dU_Q}{dt}$ = 5,5 V/μs

4.12 Temperaturmeßgerät mit Temperatur/Spannungs-Wandler

Der Fühler STP 35 des Temperaturmeßgerätes nach Schaltung *4.16* ist eine spezielle Z-Diode, deren Z-Spannung linear um 10 mV/K steigt. Ihre Ausgangsspannung beläuft sich also bei 0 °C auf 273·10 mV = 2,73 V., denn 0 °C entsprechen 273 K.

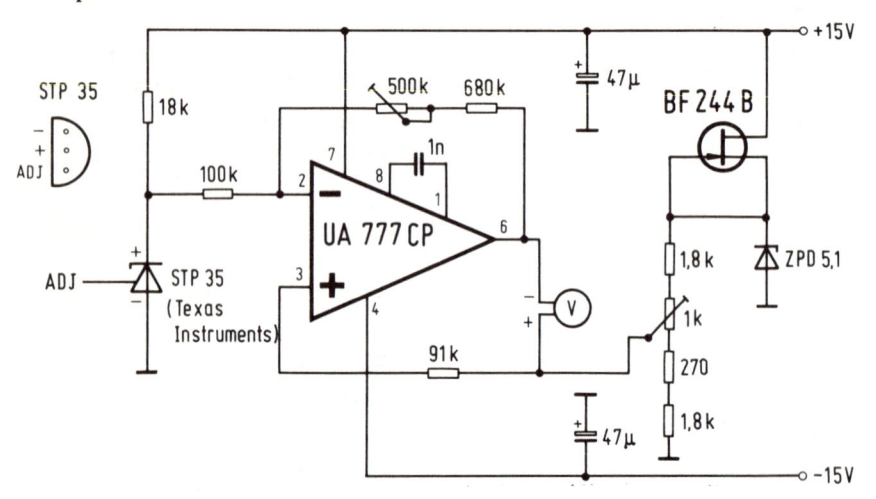

4.16 Temperaturmeßgerät

Die Fühlerspannung wird dem N-Eingang eines Operationsverstärkers zugeleitet und nach entsprechender Verstärkung von einem Drehspul-Voltmeter angezeigt.

Der Feldeffekttransistor BF 244 B arbeitet als Konstantstromquelle für die Z-Diode ZPD 5,1. Auf diese Weise wird erreicht, daß selbst bei Änderungen der positiven Speisespannung um ±1 V die am Schleifer des 1-kΩ-Potentiometers abgegriffene Eichspannung gut stabil bleibt.

Mit einem Meßbereich des Voltmeters von 0-3 V ist ein Temperaturmeßbereich von 0-30 °C erzielbar, mit einem solchen von 0-10 V ein Temperaturmeßbereich von 0-100 °C.

Der Nullabgleich der Schaltung erfolgt in der Weise, daß man bei 0 °C (STP 35 in Eiswasser) das 1-kΩ-Trimmpoti auf Nullanzeige des Drehspulin-

4.12 Temperaturmeßgerät mit Temperatur/Spannungs-Wandler

struments einstellt. Bei etwa 40 °C (Wasser dieser Temperatur in offener Thermosflasche, gemessen mit Fieberthermometer) wird das Meßinstrument mittels des 500-kΩ-Trimmpotis auf eben diese Anzeige eingestellt. Sicherheitshalber sollte man beide Abgleichvorgänge wiederholen.

Bei Benutzung eines Digitalvoltmeters mit Vorzeichenanzeige kann man in eleganter Weise auch negative Temperaturen messen.

Der Linearitätsfehler des Fühlers wird vom Hersteller (Texas Instruments) im Bereich von -10 °C bis $+100$ °C mit $\pm 0,5$ °C angegeben. Bei kleinerem Meßumfang ist der durch die Nichtlinearität bedingte Fehler entsprechend geringer. Die absoluten Grenzwerte für den Arbeitsbereich des Fühlers sind -40 °C und $+125$ °C.

Die Daten des UA 777 CP sind folgende:

Grenzdaten
$U_b = \pm 22$ V
$U_i = \pm U_b$ (max. ± 15 V)
$U_{id} = \pm 30$ V
$P_{tot} = 500$ mW
$T_u = 0...70$ °C

Kenndaten
$I_b = 1,9$ mA
$R_i = 2$ MΩ
$I_i = 25$ nA
$R_Q = 100$ Ω
$U_{io} = 5$ mV

$I_{io} = 0,7$ nA
$I_{Qs} = 25$ mA
$\dfrac{dU_Q}{dt} = 5,5$ V/µs

5 Oszillatoren

5.1 Multivibrator

In *Bild 5.1* ist die Schaltung eines Multivibrators angegeben, der Rechteckschwingungen mit der Periodendauer $T \approx 2{,}2 \cdot R \cdot C$ erzeugt. Die Dauer T ergibt sich in s, wenn man R in Ω und C in F bzw. R. in MΩ und C in μF einsetzt. Die Gleichung hat zur Voraussetzung, daß $R_1 \approx R_2$ ist, wobei R_2 aus der Parallelschaltung der beiden 4,7-kΩ-Widerstände besteht.

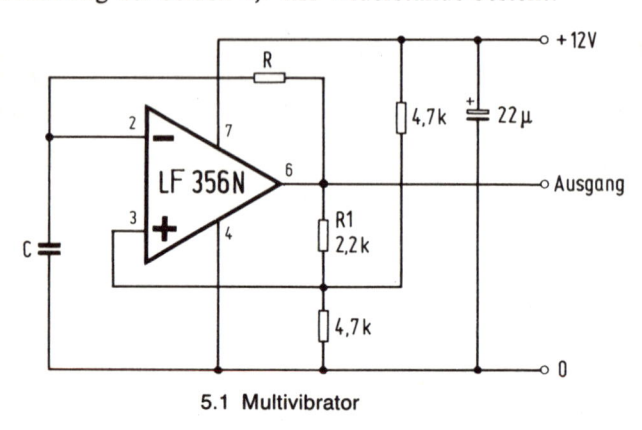

5.1 Multivibrator

In einer Meßreihe wurden bei verschiedenen R- und C-Werten folgende Frequenzen ermittelt:

R	C	f
47 kΩ	0,1 μF	100 Hz
47 kΩ	1 nF	10 kHz
10 kΩ	150 pF	166 kHz
10 kΩ	100 pF	220 kHz

Die Schwingungsamplitude ergab sich jeweils zu 8 V_{ss}.

Bei entsprechend kleineren R- und C-Werten läßt sich die Frequenz bis auf über 1 MHz steigern. Gleichzeitig wird die Form der Schwingungen jedoch mehr und mehr verschliffen und die Amplitude nimmt ab.

Der Multivibrator arbeitet mit einer Speisespannung ab +4 V. Bei diesem Wert beträgt die Ausgangsspannungsamplitude 2 V_{ss}.

5.2 Taktgenerator mit Periodendauer 5 µs...2 min

Wird an die Schaltung *Bild 5.2* die Speisespannung angelegt, so ist der Kondensator C zunächst entladen und das Potential am N-Eingang des Opera-

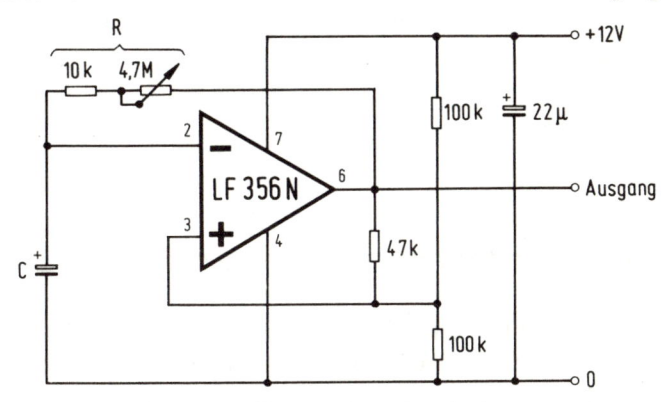

5.2 Taktgenerator mit Periodendauer 5 µs-2 min

tionsverstärkers beträgt Null. Die Spannung am Ausgang springt daher sogleich auf einen hohen positiven Wert. Nunmehr setzt vom Anschluß 6 her über den Widerstand R eine Aufladung von C ein, womit der N-Eingang zunehmend positiver wird. Erreicht die Spannung an C dann denjenigen Wert, der am P-Eingang herrscht, so schaltet der Operationsverstärker um und sein Ausgang kommt auf Nullpotential zu liegen. Daraufhin beginnt C sich über R zu entladen. Ist dieser Vorgang genügend weit fortgeschritten, schaltet der OP abermals um und das Spiel beginnt von neuem.

Es entstehen so nahezu symmetrische Rechteckimpulse mit einer Amplitude von etwa 10 V_{ss}, deren Periodendauer sich zu T ≈ 2,2 · R · C ergibt. Mit C-Werten zwischen 10 μF und 100 pF lassen sich also Zeiten von ungefähr 120 s bis zu 5 μs erreichen. Dies entspricht Frequenzen zwischen 8 mHz und 200 kHz.

Bei einem Vorwiderstand von 10 kΩ ist der Einstellbereich des 4,7-MΩ-Potentiometers verhältnismäßig groß und die Einstellgenauigkeit entsprechend gering. Soll diese gesteigert werden, so empfiehlt es sich, den Vorwiderstand größer und das Poti kleiner zu bemessen. Die beste Einstellgenauigkeit und die höchste Frequenzkonstanz, auch in Bezug auf Änderungen der Umgebungstemperatur, werden bei Verwendung eines Cermet- bzw. Mehrgangpotis und eines Vorwiderstandes in Metallschichtausführung erzielt. Der Kondensator sollte ein hochwertiger Typ mit kleinem Leckstrom sein.

Die Schaltung kann mit 5-30 V betrieben werden. Auf die Frequenz hat der Speisespannungswert so gut wie keinen Einfluß.

5.3 Rechteckgenerator mit einstellbarem Tastverhältnis

Der Operationsverstärker OP 1 in Schaltung *Bild 5.3* arbeitet als Dreieckgenerator nach dem Integrationsprinzip; OP 2 stellt die zugehörige Schaltstufe dar. Die Dreieckschwingungen gelangen zu einem Komparator (OP 3), der sie in Rechteckwellen umsetzt. Deren Tastverhältnis läßt sich mittels des Potentiometers P_2 in einem verhältnismäßig weiten Bereich verändern, und zwar von 10:1 über 1:1 bis zu 1:10. Je mehr der Schleifer von P_2 nach *unten* hin verstellt wird, desto breiter werden die positiven Anteile der Rechteckimpulse und desto schmaler die negativen. Dreht man den Schleifer in die entgegengesetzte Richtung, so nehmen die negativen Scheitel an Breite zu und die positiven ab.

Die Frequenz wird durch die Werte von R und C bestimmt. Sie wurde bei R = 54,7 kΩ und C = 10 nF zu 4,2 kHz ermittelt, bei R = 4,7 kΩ und C = 10 nF zu 45 kHz. Die Amplitude der Ausgangsspannung beträgt unabhängig von den Einstellungen der Potentiometer P_1 und P_2 25 V_{ss}.

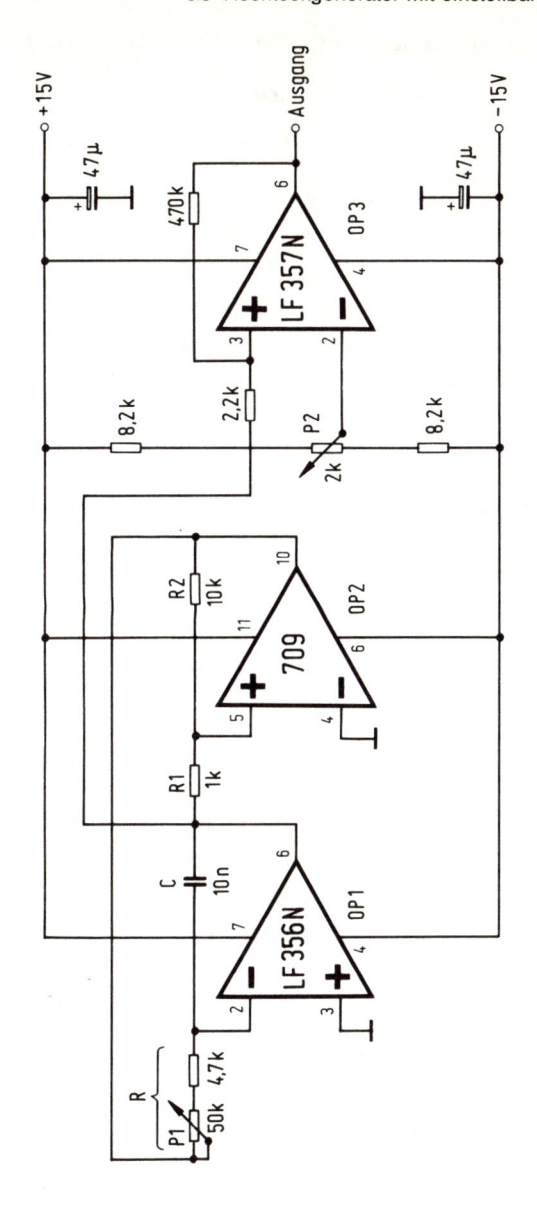

5.3 Rechteckgenerator mit einstellbarem Tastverhältnis

5.3 Rechteckgenerator mit einstellbarem Tastverhältnis

5 Oszillatoren

Der Operationsverstärker 709 (= TAA 521 A) besitzt folgende Daten:

Grenzdaten

U_b = ± 18 V
U_i = ± U_b (max. ± 10 V)
U_{id} = ± 5 V
P_{tot} = 300 mW
T_u = 0...70 °C

Kenndaten

I_b = 2,5 mA
R_i = 250 kΩ
I_i = 0,3 μA
R_Q = 150 Ω
U_{io} = 2 mV

I_{io} = 100 nA
v_o = 90 dB
B_1 = 5 MHz
$\frac{dU_Q}{dt}$ = 20 V/μs

Bei den Angaben für das Verstärkungsbandbreiteprodukt und für die Anstiegsgeschwindigkeit handelt es sich um Maximalwerte entsprechend der äußeren Beschaltung des OP.

5.4 LC-Oszillator

Ein LC-Oszillator erzeugt Sinusschwingungen, deren Frequenz sich aus dem Induktivitäts- und Kapazitätswert des zugehörigen Schwingkreises zu

$$f = \frac{1}{2\pi \cdot \sqrt{L \cdot C}}$$

ergibt. Diese Gleichung wird als Thomsonsche Schwingungsformel bezeichnet. Setzt man L in Henry ein und C in Farad, so erhält man f in Hertz.

Die Schaltung eines solchen Oszillators ist in *Bild 5.4* angegeben. Beim Anlegen der Speisespannung wird der Kreis L-C zu Schwingungen angeregt, die über den P-Eingang des Operationsverstärkers eine Mitkopplung erfahren und deshalb aufrechterhalten werden. Dazu muß die Verstärkung größer als 1 sein. Sie beträgt hier

$$v = 1 + \frac{R_1}{R_2} = 1 + \frac{10\ k\Omega}{10\ k\Omega} = 1 + 1 = 2.$$

Die Widerstände R_1, R_2 und R_3 sind so bemessen, daß sich bei optimaler Sinusform die größtmögliche Oszillatoramplitude ergibt. R_3 liegt dem Schwingkreis über den niederohmigen OP-Ausgang parallel und stellt damit eine Dämpfung für ihn dar. Wird R_3 kleiner als 1,2 kΩ gewählt, so beginnen sich Verzerrungen der Kurvenform bemerkbar zu machen. Bemißt man R_3

5.4 LC-Oszillator

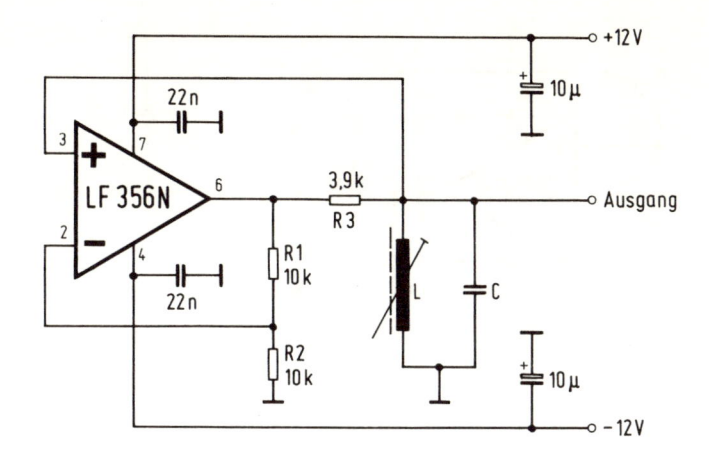

5.4 LC-Oszillator

indessen größer als 3,9 kΩ, so nimmt zwar die externe Kreisdämpfung ab, zugleich aber auch die Amplitute der Sinuswellen, weil dann dem Schwingkreis vom Verstärkerausgang her weniger Energie zugeführt wird.

Die Spule L besteht aus 170 Windungen 0,2 CuL auf einem Trolitul-Körper von 25 mm Länge und 6 mm Außendurchmesser mit 2 Wickelkammern sowie einem HF-Abgleich-Gewindekern M 5 x 0,75 mm (rosa). Ihre Induktivität beträgt bei eingedrehtem Kern 240 μH, bei ausgedrehtem 130 μH.

Eine Meßreihe ergab bei verschiedenen L- und C-Werten folgende Frequenzen und Ausgangsspannungen:

L (μH)	C (pF)	f (MHz)	U_Q (V_{ss})
130	100	1,1	2,2
240	100	0,66	4,5
130	560	0,625	4,2
240	560	0,4	8,5
140	3 300	0,25	5
240	3 300	0,166	13,6

Bei C = 3 300 pF darf man den Spulenkern nicht ganz ausdrehen, da sonst die Schwingungen abreißen.

Will man einen niedrigeren Ausgangswiderstand erzielen, so wickelt

5 Oszillatoren

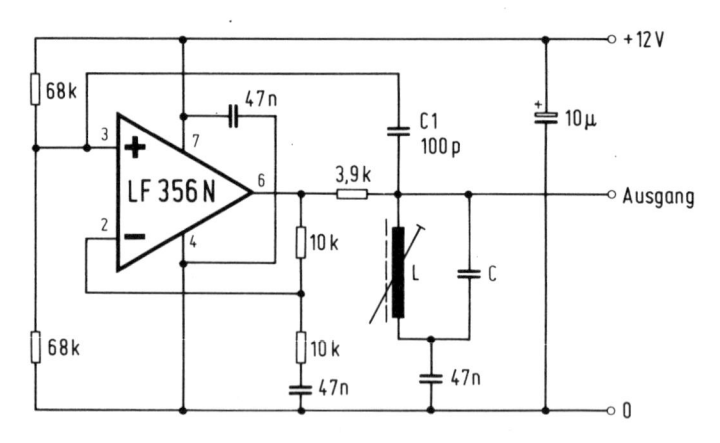

5.5 Abgewandelte Schaltung eines LC-Oszillators

man zur Schwingungsentnahme auf die Kreisspule zusätzlich eine Auskoppelspule. Beträgt deren Windungszahl beispielsweise $\frac{1}{10}$ der Kreispulen-Windungszahl, so steht an ihr zwar nur $\frac{1}{10}$ der Spannung zur Verfügung. Der Ausgangswiderstand geht indessen auf $\frac{1}{100}$ zurück, weil die Widerstandswandlung im Quadrat des Übersetzungsverhältnisses erfolgt.

Unmittelbar am Ausgang des Operationsverstärkers ist eine etwas verzerrte Dreieckspannung zu messen, deren Amplitude ungefähr das Doppelte der jeweiligen Sinusamplitude beträgt.

Soll der Oszillator mit nur einer Speisequelle betrieben werden, so kann man eine abgewandelte Schaltung nach *Bild 5.5* benutzen. Da die Ausgangsspannung durch den 47-nF-Kondensator am Resonanzkreis nicht mehr erdsymmetrisch ist, wird man die Schwingungen hier über einen Auskoppelkondensator oder über eine Auskoppelspule abnehmen. Bei Frequenzen unter etwa 150 kHz ist der Kondensator C_1 größer als 100 pF zu bemessen.

5.5 Quarzoszillator

Bei einem Schwingkreis ist im Resonanzfall der induktive Widerstand der Spule ebensogroß wie der kapazitive Widerstand des Kondensators. Für einen Serienschwingkreis bedeutet dies einen sehr kleinen, für einen Parallelschwingkreis einen sehr großen Resonanzwiderstand (*Bild 5.6*).

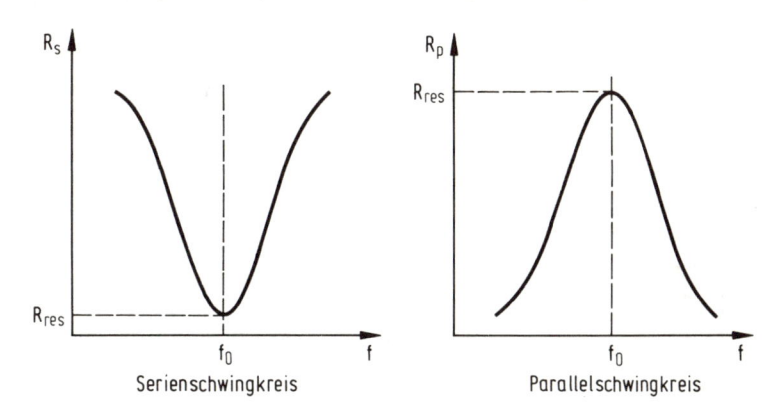

5.6 Resonanzwiderstand eines Serien- und eines Parallelschwingkreises

5.7 Ersatzschaltbild eines Schwingquarzes. Für einen 4-MHz-Quarz sind folgende Werte charakteristisch: L = 0,1 H, R = 100 Ω, C = 0,016 pF, C_p = 5 pF

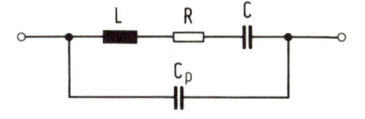

Ist eine besonders hohe Frequenzkonstanz gefordert, so wird anstelle eines Resonanzkreises mit Spule und Kondensator ein Schwingquarz benutzt, dessen Ersatzschaltung aus *Bild 5.7* hervorgeht. Dieses zeigt auf, daß es eine Frequenz geben muß, bei welcher der Quarz als Serienresonanzkreis arbeitet, und eine weitere, bei der er als Parallelresonanzkreis wirkt. Für die Serienresonanzfrequenz gilt

$$f_s = \frac{1}{2\pi \cdot \sqrt{L \cdot C}}$$

und für die Parallelresonanzfrequenz

5 Oszillatoren

$$f_p = \frac{1}{2\pi \cdot \sqrt{L \cdot C}} \cdot \sqrt{1 + \frac{C}{C_p}}$$

Diese Formeln machen deutlich, daß es vorteilhafter ist, einen Quarz in Serienresonanz zu betreiben, weil hier nur die Größen L und C frequenzbestimmend sind und die weniger genau definierte Schaltkapazität C_p ohne Einfluß bleibt. Die Abweichung zwischen f_s und f_p liegt in der Größenordnung von Promille, wobei eben f_s stets kleiner als f_p ist.

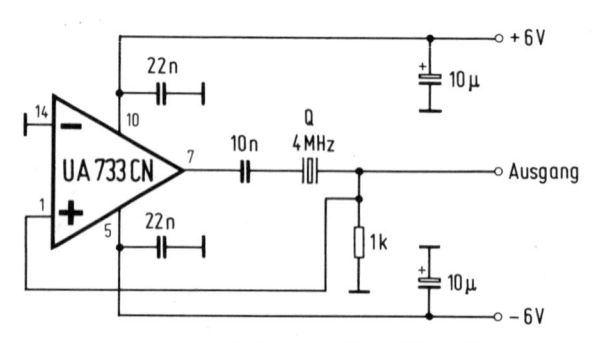

5.8 Quarzoszillator für 4 MHz

Bild 5.8 zeigt die Schaltung eines 4-MHz-Oszillators, bei dem der Quarz in Serienresonanz betrieben wird. Die Serienresonanz ist daran erkennbar, daß man bei Verwendung eines LC-Schwingkreises anstelle des Quarzes diesen als Serienkreis betreiben müßte, damit die Schaltung schwingt. Der Oszillator liefert nullsymmetrische Sinusschwingungen mit einer Amplitude von 1,6 V_{ss}.

Der Operationsverstärker UA 733 CN weist folgende Daten auf:

Grenzdaten
U_b = ±8 V
U_i = ±6 V
U_{id} = ±5 V
T_Q = 10 mA
P_{tot} = 500 mW
T_u = 0-70 °C

Kenndaten
I_b = 16 mA
R_i = 250 kΩ
I_I = 9 µA
R_Q = 20 Ω
I_{io} = 0,4 µA
B_1 > 300 MHz

5.6 Sinusgenerator mit Wien-Robinson-Brücke

Die Prinzipschaltung eines Sinusgenerators mit Wien-Robinson-Brücke ist in *Bild 5.9* angegeben. Der linke Brückenzweig besteht aus einem Hoch- und einem Tiefpaß, deren Widerstände und Kondensatoren jeweils gleiche Werte besitzen. ($R_1 = R_2 = R$, $C_1 = C_2 = C$). Bei einer ganz bestimmten Frequenz, die sich zu

$$f = \frac{1}{2\pi \cdot R \cdot C}$$

5.9 Prinzipschaltung eines Sinusgenerators mit Wien-Robinson-Brücke

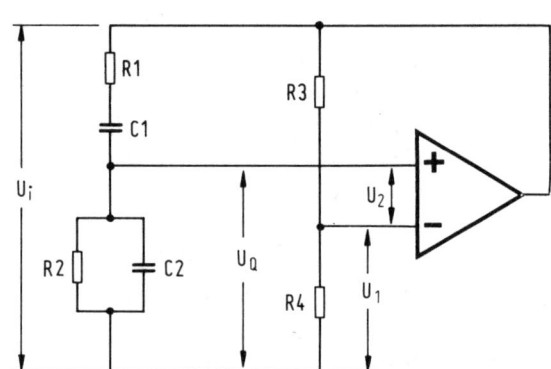

ergibt, weist die Ausgangsspannung U_Q die gleiche Phasenlage wie die Eingangsspannung U_i auf. Die Spannung U_Q beträgt hierbei genau ein Drittel des Wertes von U_i. Weicht die Frequenz der Spannung U_i indessen von der Frequenz f ab, so verschiebt sich die Phasenlage von U_Q gegenüber der von U_i. Dies bedingt ein Sinken der Spannung U_Q auf einen Wert unterhalb von $1/3 \cdot U_i$.

Die Widerstände R_3 und R_4 des rechten Brückenzweiges sind so bemessen, daß R_3 doppelt so groß ist wie R_4. Die Spannung U_1 beträgt also ebenfalls ein Drittel der Spannung U_i. Da es sich in diesem Zweig um rein ohmsche Widerstände handelt, ist U_1 phasengleich mit U_i.

Die Spannung U_2 stellt die Differenz der Spannungen U_Q und U_1 dar. Sie ist sehr klein und dient als Steuerspannung für den Operationsverstärker.

Da die Spannung U_Q zum P-Eingang führt, erfährt sie im OP keine Phasendrehung, womit die Spannung U_i wieder gleichphasig mit U_Q ist. Beläuft sich der Verstärkungsgrad auf mindestens 3, so gerät die Schaltung wegen

5 Oszillatoren

der Rückkopplung des OP-Ausgangssignals auf die Wien-Robinson-Brücke ins Schwingen.

Bei einem Verstärkungsfaktor von mehr als 3 können neben der Grundfrequenz f noch weitere Frequenzen entstehen, so daß die Schwingungen nicht mehr rein sinusförmig sind. Liegt die Verstärkung indessen nur sehr knapp über 3, so ergeben sich Sinuswellen von nahezu idealer Kurvenform. Es werden dann alle Frequenzen unterdrückt, die von f abweichen, weil ja die Spannung U_Q nur für f ein Drittel von U_i beträgt. Damit ist für sämtliche übrigen Frequenzen die Rückkopplungsbedingung nicht mehr erfüllt.

Eine Stabilisierung der Gesamtverstärkung auf einen Wert von wenig mehr als 3 und somit zugleich eine Stabilisierung der Schwingungsamplitude läßt sich erreichen, indem man als Widerstand R_4 beispielsweise einen entsprechend gesteuerten Feldeffekttransistor benutzt.

Dieses Verfahren wird bei dem Generator nach Schaltung *Bild 5.10* angewandt. OP 1 dient in der geschilderten Weise zum Erzeugen der Sinusschwingungen, während OP 3 als Ausgangsverstärker wirkt (v = 9,2). Die Ausgangsamplitude läßt sich mittels des Potentiometers P_3 zwischen 0 und einem Höchstwert von 10 V_{ss} einstellen. Das Ausgangssignal von OP 1 wird über eine Gleichrichterschaltung zugleich dem Operationsverstärker OP 2 zugeführt, der die Steuerspannung für den Feldeffekttransistor liefert.

Das Einstellen der Frequenz erfolgt mittels des Tandempotentiometers 2 x 10 kΩ. Bei Verwendung umschaltbarer Kondensatoren C lassen sich folgende Bereiche realisieren:

C	f
1,5 µF	10 Hz - 110 Hz
0,15 µF	105 Hz - 1,2 kHz
15 nF	1 kHz - 12,5 kHz
1,5 nF	10 kHz - 110 kHz
130 pF	110 kHz - 1 MHz

Der Kondensator im höchsten Frequenzbreich fällt mit 130 pF aus der gewählten Abstufung heraus, weil sich hier bereits die Kapazitäten des Schaltungsaufbaues auswirken.

Das Trimmpotentiometer P_2 dient zum Einstellen der Sinuswellen auf

5.6 Sinusgenerator mit Wien-Robinson-Brücke

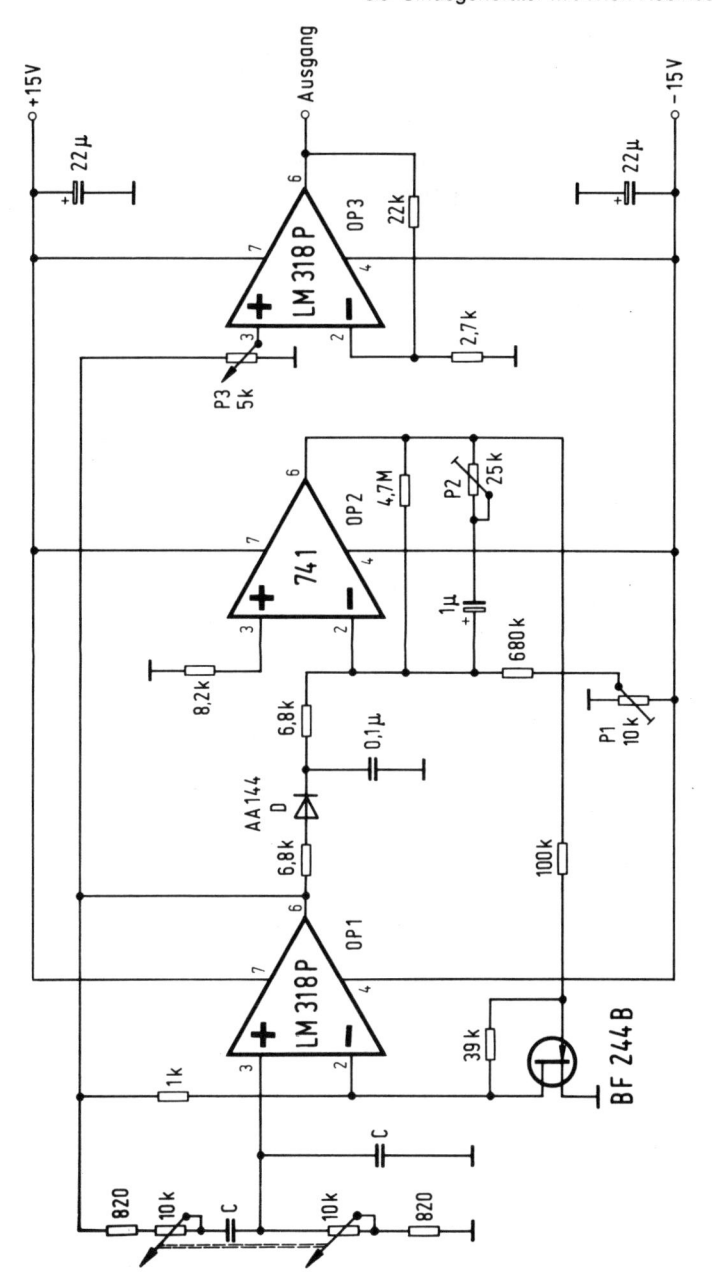

5.10 Sinusgenerator mit Wien-Robinson-Brücke

5 Oszillatoren

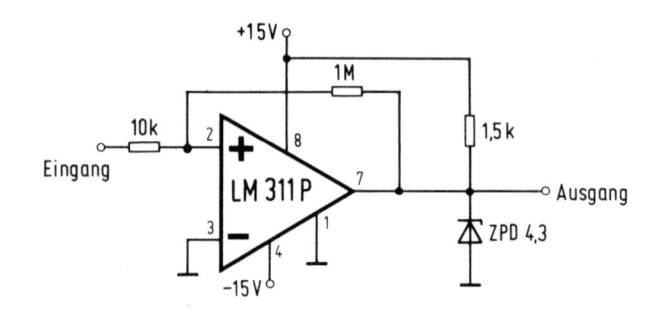

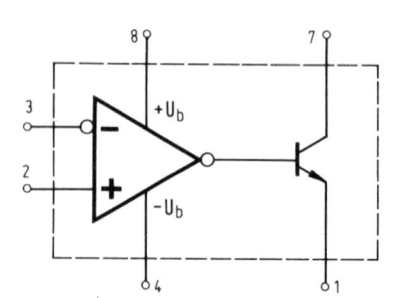

Oben: 5.11 Umwandeln von Sinus- in Rechteckschwingungen mittels des Komparators LM 311 P

Links: 5.12 Schaltungsweise des Komparators LM 311 P (nach Unterlagen der Firma Texas Instruments)

optimale Kurvenform und auf kürzestmögliche Einschwingzeit (unter 1 s). Der Abgleich wird im unteren Frequenzbereich vorgenommen.

Die am Ausgang von OP 1 auftretende Sinusspannung läßt sich mittels des Trimmers P_1 zwischen etwa 0,6 V_{ss} und 2,3 V_{ss} verändern. P_1 ist so einzustellen, daß sich bei voll aufgedrehtem Potentiometer P_3 am Ausgang die schon erwähnte Signalspannung von 10 V_{ss} ergibt. Die Amplitude bleibt innerhalb des gesamten Frequenzbereichs nahezu gleich.

Der minimale Lastwiderstand bei 10 V_{ss} ist 1 kΩ. Er nimmt mit der Ausgangsspannung ab. Wird ein kleinerer Ausgangswiderstand des Generators gewünscht, so schaltet man ihm einen Spannungsfolger nach.

Für Meß- und Prüfzwecke ist es oft zweckmäßig, außer Sinusschwingungen auch Rechteckwellen zur Verfügung zu haben. Diese lassen sich gemäß *Bild 5.11* mit einem Komparator des Typs LM 311 P bei nur geringem Schaltungsaufwand aus dem Sinussignal gewinnen. Der Eingang des Wandlers ist an Pin 6 von OP 1 anzuschließen. Durch die Z-Diode ZPD 4,3 bleibt die

Rechteckspannung auf 4,3 V_{ss} begrenzt und kann somit auch zum Ansteuern von TTL-Schaltkreisen benutzt werden.

Der LM 311 P ist ausgangsseitig mit einem Schalttransistor versehen (*Bild 5.12*) und weist folgende Daten auf:

Grenzdaten
$U_b = \pm 18$ V
$U_i = \pm 15$ V
$U_{id} = \pm 30$ V
$P_{tot} = 500$ mW
$T_u = 0...70$ °C

Kenndaten
$I_b = 5$ mA
$I_i = 100$ nA
$U_{io} = 2$ mV
$I_{io} = 6$ nA
$\dfrac{dU_Q}{dt} = 50$ V/µs

5.7 Sägezahngenerator

Bei dem Generator nach Schaltung *Bild 5.13* arbeitet der Operationsverstärker OP 1 als Integrator und OP 2 als Schaltstufe. OP 1 liefert Sägezahn- und OP 2 Rechteckschwingungen. Die Rückkopplung der Rechteckwellen vom Schleifer des Potentiometers P_3 zum N-Eingang von OP 1 erfolgt auf zwei Wegen, nämlich einmal über den Widerstand R und weiterhin über den

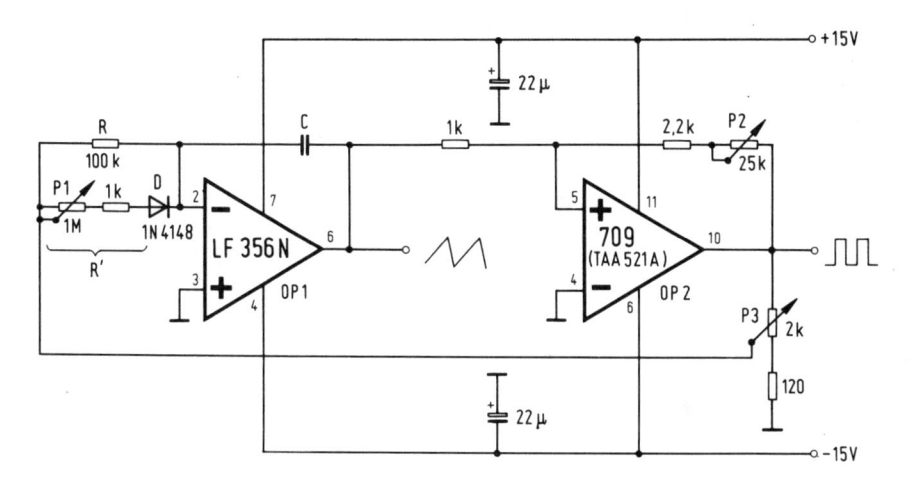

5.13 Sägezahngenerator

5 Oszillatoren

Widerstand R' in Reihe mit einer Diode D. Der letztere Weg ist nur dann wirksam, wenn die an D in Leitrichtung anliegende Spannung mindestens ebensogroß wie die Durchlaßspannung ist.

Mit dem Potentiometer P_1 lassen sich das Verhältnis zwischen Anstiegs- und Abfallzeit der Sägezahnspannung und das Tastverhältnis der Rechteckspannung verändern. Beläuft sich R' auf 1 kΩ, so beträgt das Anstiegs-/Abfallzeit-Verhältnis der Sägezahnschwingungen 100 : 1, das Tastverhältnis der Rechteckschwingungen 1 : 100. Bei R' = 1 MΩ gilt für beide Verhältnisse ein Relativwert von etwa 1 : 1.

Mit C-Werten zwischen 10 nF und 100 pF lassen sich je nach Einstellung der Potentiometer P_1-P_3 Frequenzen von ungefähr 1 kHz bis zu 80 kHz erzielen, wobei die Sägezahnspannung 11-3 V_{ss} und die Rechteckspannung nahezu gleichbleibend um 22 V_{ss} betragen.

5.8 Dreieck-Rechteck-Generator

Im Gegensatz zu Schaltung *Bild 5.13* liefert der Generator nach *Bild 5.14* Dreieck- und Rechteckschwingungen symmetrischer Kurvenform. Er stellt die Ringschaltung eines Integrators und eines Schmitt-Triggers dar. Die Oszillatorfrequenz ergibt sich zu

$$f = \frac{1}{4 \cdot R \cdot C} \cdot \frac{R_2}{R_1}.$$

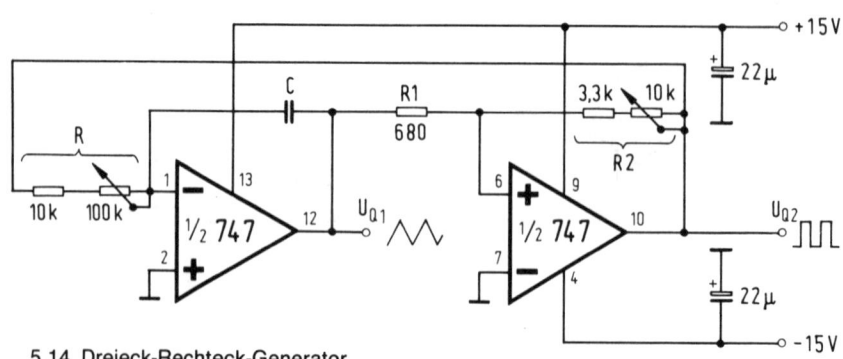

5.14 Dreieck-Rechteck-Generator

Man kann natürlich auch mit einem festen Widerstandsverhältnis R_2/R_1 arbeiten, so daß die Frequenz f nur mit R bzw. C verändert wird.

In jedem Fall muß R_2 größer als R_1 sein, da sonst die Schaltung nicht schwingt.

In einer Meßreihe mit C gleich jeweils 0,1 µF wurden folgende Ergebnisse ermittelt:

R	R_2	f	U_{Q1}	U_{Q2}
110 kΩ	3,3 kΩ	100 Hz	5,5 V_{ss}	25 V_{ss}
110 kΩ	13,3 kΩ	400 Hz	1,4 V_{ss}	25 V_{ss}
10 kΩ	3,3 kΩ	1,1 kHz	5,5 V_{ss}	25 V_{ss}
10 kΩ	13,3 kΩ	4 kHz	1,6 V_{ss}	25 V_{ss}

Der Doppeloperationsverstärker 747 (= TBB 0747 A) besitzt folgende Daten:

Grenzdaten
U_b = ± 18 V
U_i = ± U_b (max. ± 15 V)
U_{id} = ± 30 V
P_{tot} = 500 mW (je Verstärker allein, total 800 mW)
T_u = 0-70 °C

Kenndaten
I_b = 1,7 mA
R_i = 2 MΩ
I_i = 80 nA
R_Q = 75 Ω
U_{io} = 1 mV
I_{io} = 20 nA

I_{QS} = 18 mA
v_o = 100 dB
B_1 = 1 MHz
$\dfrac{dU_Q}{dt}$ = 0,5 V/µs

5.9 Dreieck-Rechteck-Generator mit verbesserten Eigenschaften

Der Generator nach Schaltung *Bild 5.15* liefert ebenfalls symmetrische Dreieck- und Rechteckschwingungen. Aufgrund einer anderen Ausgestaltung sind indessen höhere Frequenzen erreichbar als mit der zuletzt beschriebenen Schaltung.

Die Frequenz läßt sich mittels der Potentiometer P_1, P_2 und P_3 verändern, wobei mit P_2 auch eine Veränderung der Dreieckamplitude bewirkt wird. Die Rechteckamplitude bleibt in jedem Fall unbeeinflußt.

5 Oszillatoren

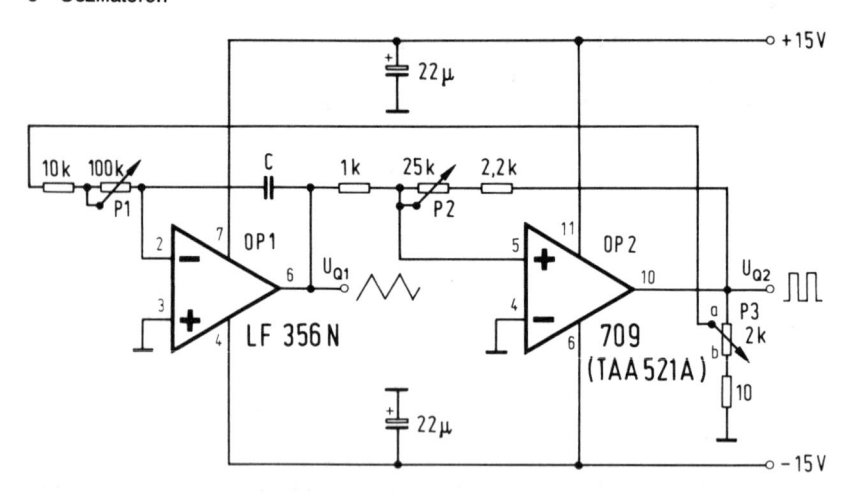

5.15 Dreieck-Rechteck-Generator mit verbesserten Eigenschaften

Mit C-Werten zwischen 0,1 μF und 1 nF sind Frequenzen von 0,3 Hz bis zu 200 kHz bei Dreieckamplituden von 1 V_{ss} bis 12 V_{ss} erzielbar. Die Rechteckamplitude beträgt gleichbleibend etwa 24 V_{ss}. Einige Meßwerte sind in nachstehender Tabelle zusammengefaßt:

C	P_1	P_2	P_3	U_{Q1}	f
0,1 μF	100 kΩ	0	b	10,6 V_{ss}	0,3 Hz
10 nF	100 kΩ	0	b	11 V_{ss}	3 Hz
1 nF	100 kΩ	0	b	11 V_{ss}	30 Hz
0,1 μF	0	25 kΩ	a	1 V_{ss}	6,6 kHz
1 nF	0	0	a	12 V_{ss}	45 kHz
1 nF	0	25 kΩ	a	2,5 V_{ss}	200 kHz

5.10 Dreieck-Rechteck-Generator mit CMOS-Baustein

Der in Schaltung *Bild 5.16* vorgestellte Generator ist mit einem Doppeloperationsverstärker in CMOS-Technik aufgebaut und nimmt daher einen Speisestrom von nicht mehr als 0,3 mA auf.

5.10 Dreieck-Rechteck-Generator mit CMOS-Baustein

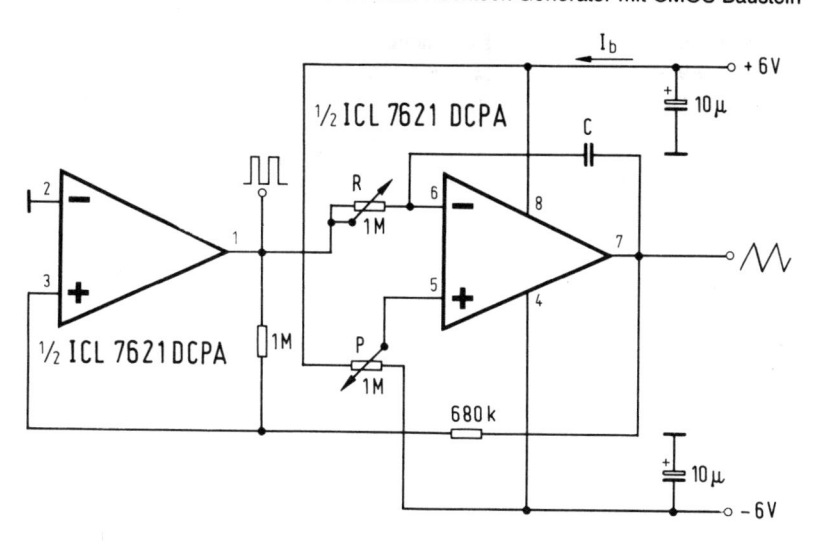

5.16 Dreieck-Rechteck-Generator mit CMOS-Baustein

Mit dem Potentiometer P lassen sich die Symmetrie der Dreieckschwingungen und das Tastverhältnis der Rechteckimpulse verändern. In Mittelstellung dieses Potis verlaufen die Dreiecke symmetrisch, während das Tastverhältnis 1 : 1 beträgt. Das Potentiometer R dient zum Einstellen der Frequenz.

Eine Meßreihe erbrachte bei Mittelstellung von P folgende Werte:

C	R	f (Hz)	Rechteck (V_{ss})	Dreieck (V_{ss})	I_b (mA)
0,1 µF	1 MΩ	3,3	11	6,7	0,19
10 nF	1 MΩ	33	11	7,6	0,18
0,1 µF	40 kΩ	100	11	8	0,3
1 nF	1 MΩ	300	11	8	0,18
10 nF	40 kΩ	1 000	11	9	0,3
1 nF	200 kΩ	1 400	11	9,5	0,2
100 pF	400 kΩ	4 000	11	10,8	0,3
10 pF	0	6 600	11	10	0,175

Der CMOS-Doppeloperationsverstärker ICL 7621 DCPA weist folgende Daten auf:

5 Oszillatoren

Grenzdaten
$U_b = \pm 9$ V
$U_i = \pm U_b$
$U_{id} = 2 \times U_i$
$T_u = 0...70$ °C

Kenndaten
$I_b = 1$ mA
$R_i = 10^{12}$ Ω
$I_i = 1$ pA
$U_{io} = 15$ mV

$I_{io} = 30$ pA
$v_o = 100$ dB
$B_1 = 1,4$ MHz
$\dfrac{dU_Q}{dt} = 1,6$ V/μs

6 Begrenzer

6.1 Begrenzer mit Ausgangssteuerung

Begrenzer haben die Aufgabe, Einzelimpulse oder stetig verlaufende Schwingungen von einem bestimmten Wert an in ihrer Höhe zu beschneiden.

Eine entsprechende Schaltung, bei der die Beschneidung ausgangsseitig mit Hilfe von Z-Dioden erfolgt, ist in *Bild 6.1* wiedergegeben.

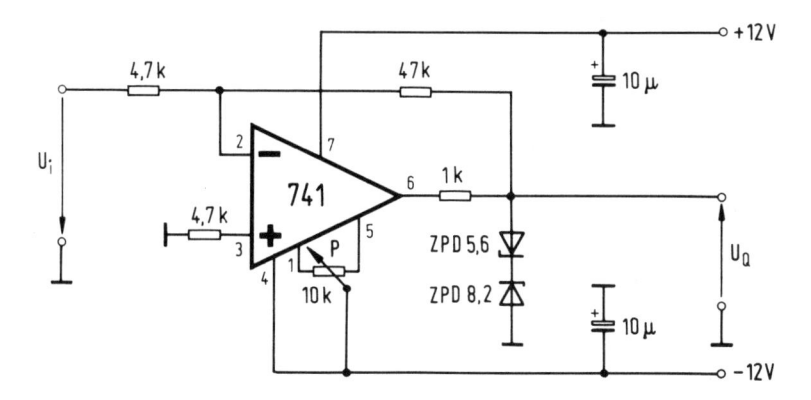

6.1 Begrenzer mit Ausgangssteuerung

Der OP arbeitet invertierend mit einer Spannungsverstärkung von 10. Wird die Eingangsspannung U_i von Null aus in positiver Richtung erhöht, so steigt die Ausgangsspannung U_Q gleichfalls von Null aus — zunächst 10fach verstärkt — negativ gerichtet an. Erreicht U_i den Wert $+0,6$ V, so nimmt U_Q das Potential -6 V an. Eine weitere Steigerung von U_i ruft jedoch keine Erhöhung von U_Q mehr hervor, weil bei etwa -6 V am Ausgang des OP die Z-Diode ZPD 5,6 durchschaltet, wobei an der Diode ZPD 8,2 die Durchlaßspannung von rund 0,6 V abfällt.

Wird anschließend die Spannung U_i von Null aus zu negativen Werten hin verändert, so steigt U_Q in positiver Richtung an, und zwar zunächst ebenfalls um den Faktor 10 verstärkt. Bei Erreichen einer Ausgangsspannung von

6 Begrenzer

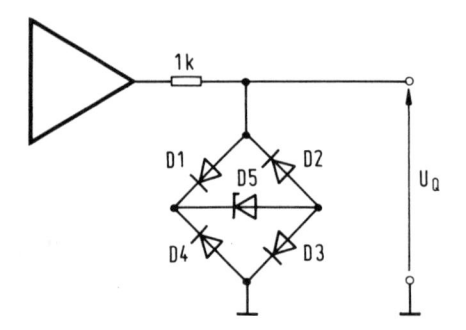

6:2 Brückenschaltung für Begrenzer

etwa +9 V setzt abermals die Begrenzung ein, wobei jetzt die Diode ZPD 8,2 durchbricht, während an der Diode ZPD 5,6 die Durchlaßspannung auftritt.

Werden zwei Z-Dioden gleichen Typs benutzt, so ergibt sich eine symmetrische Begrenzung der Ausgangsspannung, zum Beispiel auf ungefähr ±7 V bei Verwendung von zwei Stück ZPD 6,2.

Bei nicht ausgesuchten Dioden treten wegen der zumeist etwas voneinander abweichenden Z-Spannungswerte auch entsprechend unterschiedliche Begrenzungsspannungswerte auf. Kommt es indessen auf bestmögliche Symmetrie an, so kann man eine Brückenschaltung gemäß *Bild 6.2* benutzen, bei der die Begrenzung im positiven und im negativen Bereich durch eine einzige Z-Diode D_5 erfolgt. Diese wird durch die Siliziumdioden D_1-D_4 immer polungsrichtig betrieben, und zwar im positiven Ausgangsspannungsbereich über D_2 und D_3, im negativen über D_2 und D_4. Da die Durchlaßspannungswerte von Siliziumdioden im Gegensatz zu den Z-Spannungswerten nur sehr wenig voneinander abweichen, können auch von dieser Seite her keine nennenswerten Unsymmetrien entstehen.

6.2 Begrenzer mit Gegenkopplungssteuerung

Bei der Schaltung *Bild 6.3* sind die begrenzenden Z-Dioden D_1 und D_2 in den Gegenkopplungszweig eingefügt. Bei entsprechend hoher positiver Ausgangsspannung bricht D_1 durch und D_2 leitet, während bei genügend großer negativer Ausgangsspannung D_2 durchbricht und D_1 leitet. In beiden Fällen bleibt die Spannung am 39-kΩ-Widerstand auf etwa 7,5 V begrenzt. Dies

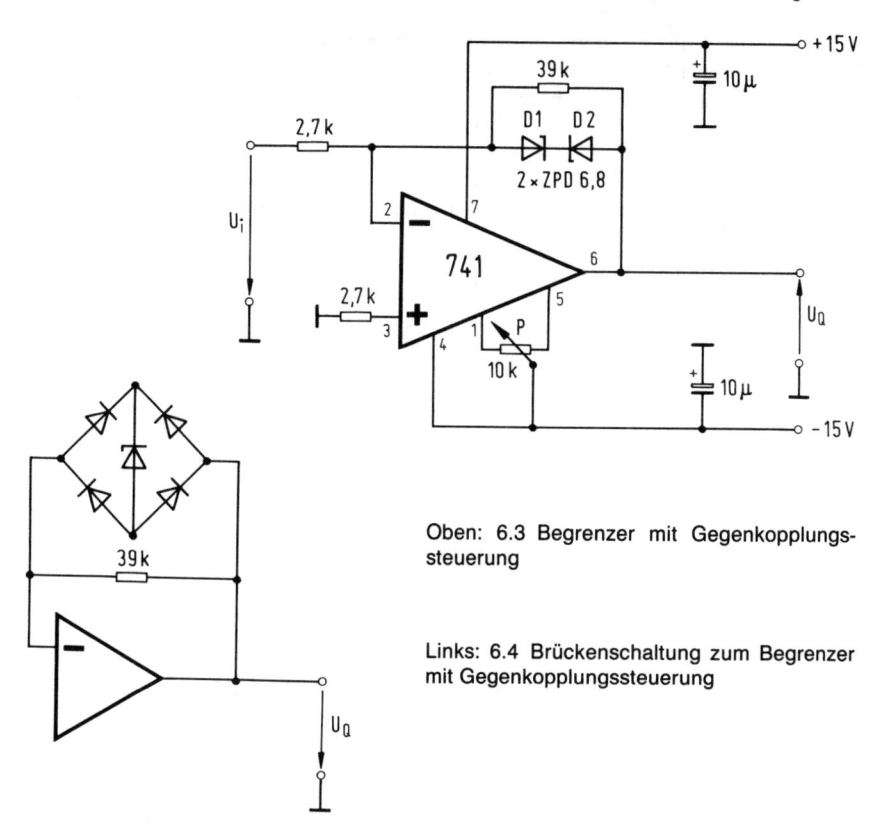

Oben: 6.3 Begrenzer mit Gegenkopplungssteuerung

Links: 6.4 Brückenschaltung zum Begrenzer mit Gegenkopplungssteuerung

trifft natürlich auch für die Spannung U_Q zu, da die Eingänge des Operationsverstärkers Nullpotential führen.

Soll zur Begrenzung eine Brückenschaltung verwendet werden, so ist diese gemäß *Bild 6.4* auszuführen.

6.3 Einstellbarer Begrenzer

Die Schaltung *Bild 6.5* besitzt eingangsseitig einen Spannungsverstärker mit dem Verstärkungsgrad 11. Dieser steuert einen Impedanzwandler, so daß ein extrem niedriger Ausgangswiderstand gegeben ist.

6 Begrenzer

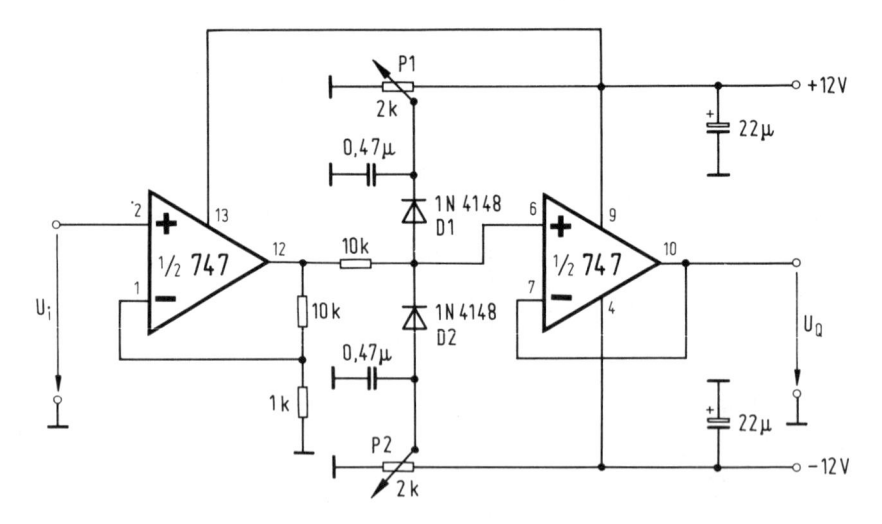

6.5 Einstellbarer Begrenzer

Die Begrenzung erfolgt durch die Dioden D_1 und D_2, wobei D_1 die positiven Signalanteile beschneidet, D_2 die negativen. Je nach der Vorspannung, die man den Dioden mittels der Potentiometer P_1 und P_2 erteilt, lassen sich die Ansprechschwellen sowohl im positiven als auch im negativen Bereich zwischen 0,6 und 10 V unabhängig voneinander einstellen. Eine Begrenzung unterhalb von 0,6 V ist wegen der Diodenanlaufspannung nicht möglich.

Die obere Grenzfrequenz der Schaltung wurde mit einer Sinuseingangsspannung von 0,5 V_{ss} zu etwa 90 kHz ermittelt. (Bei diesem Wert geht also die Verstärkung auf 70 % ihres Nennwertes zurück.) Es sollten aber trotzdem keine höheren Frequenzen als 50 kHz verarbeitet werden, um Verzerrungen der Kurvenform zu vermeiden.

6.4 Präzisionsbegrenzer

Bei den bisher beschriebenen Begrenzern verlaufen sowohl im positiven als auch im negativen Breich die Begrenzungslinien nicht absolut waagerecht. Sie weisen vielmehr eine leicht abgerundete Form auf (*Bild 6.6*), was durch

6.4 Präzisionsbegrenzer

6.6 Ausgangsspannungsverlauf einfacher Begrenzerschaltungen

6.7 Präzisionsbegrenzer

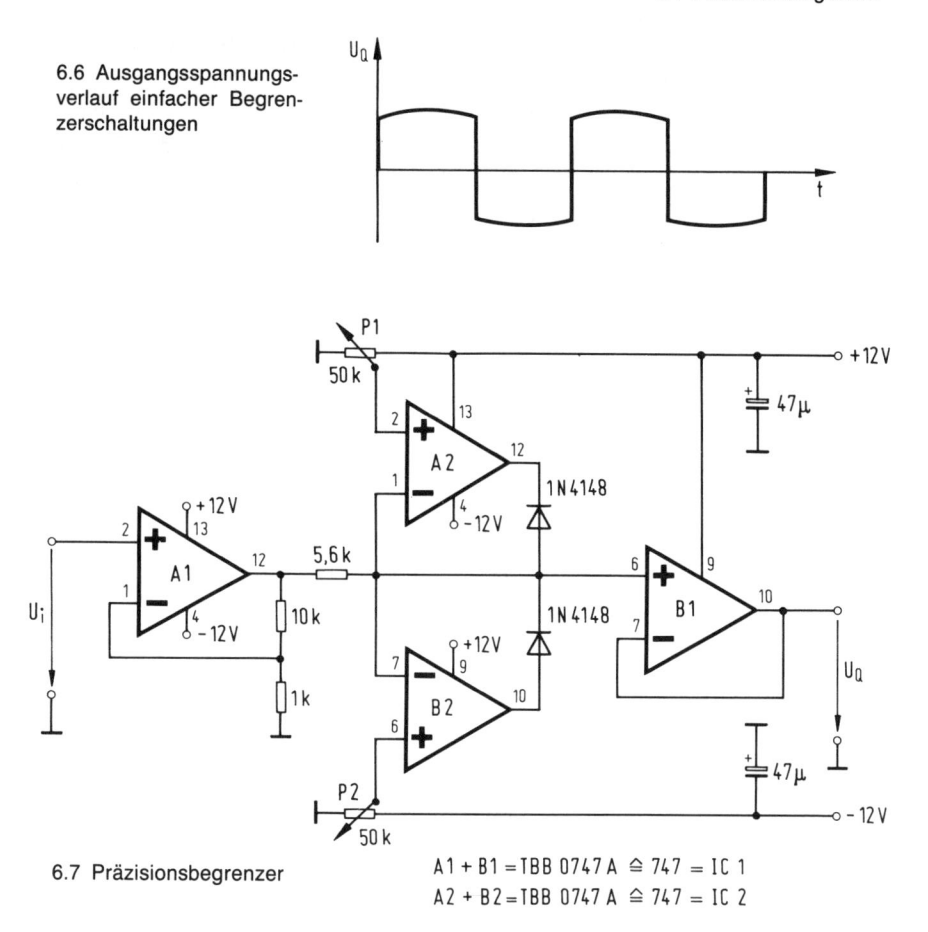

A1 + B1 = TBB 0747 A ≙ 747 = IC 1
A2 + B2 = TBB 0747 A ≙ 747 = IC 2

die Stromabhängigkeit der Diodendurchlaßspannung bedingt ist. Auch läßt sich die Ausgangsspannung nicht auf Werte unterhalb von 0,6 V begrenzen.

Vorteilhafter in dieser Beziehung arbeitet die in *Bild 6.7* wiedergegebene Schaltung. Zwischen dem Eingangsverstärker und dem Spannungsfolger am Ausgang sind zwei weitere Operationsverstärker angeordnet, in deren Gegenkopplungszweigen jeweils eine Siliziumdiode liegt. Es wird so wie bei einem Meßgleichrichter (vgl. Abschn. 4.1-4.3) die Diodendurchlaßspannung kompensiert. Deshalb können auch die Potentiometer P_1 und P_2 hochohmiger als in Bild 6.5 sein, was einen kleineren Querstrom bedeutet. Die Begrenzungsschwelle läßt sich mit P_1 und P_2 in beiden Vorzeichenbereichen exakt zwischen 0 und 10 V verändern.

Die Schaltung ist für Sinusfrequenzen bis zu 100 Hz geeignet. Werden indessen für A_2 und B_2 anstelle des Doppeloperationsverstärkers TBB 0747 A zwei BIFET-Einzeloperationsverstärker LF 356 N benutzt, so kann man mit Frequenzen bis zu 2 kHz arbeiten.

7 Zeitgeber

7.1 Wischimpulsrelais

Wird bei dem Wischimpulsrelais nach *Bild 7.1* der Schalter S betätigt, so beginnt auf den Kondensator C über den Widerstand R ein Ladestrom zu fließen. Anschluß 3 des Operationsverstärkers nimmt daher im ersten Augenblick ein Potential von +12 V an, womit dessen Ausgang das gleiche Potential erhält und das Relais sofort anzieht.

Mit zunehmender Aufladung von C wird der Spannungsabfall an R geringer und unterschreitet schließlich den am N-Eingang vorhandenen Spannungswert von +4 V. In diesem Moment schaltet der Ausgang des OP von +12 V auf 0 um und das Relais fällt wieder ab.

Die Einschaltdauer T ist gleich R · C. Bei R = 10 MΩ beträgt T also 100 s.

Das Wischimpulsrelais besitzt eine Erholzeit, die etwa ebensogroß wie T ist. Diese ergibt sich daraus, daß der Kondensator C ja vollständig entladen sein muß, damit bei einem erneuten Einschalten von S wieder die gleiche Verzögerung erzielt wird.

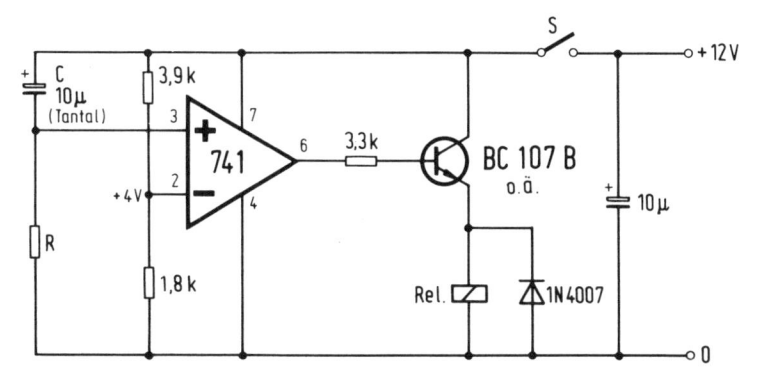

7.1 Wischimpulsrelais

7 Zeitgeber

7.2 Zeitglied mit Komparator

Bei dem Zeitglied nach Schaltung *Bild 7.2* arbeitet der Operationsverstärker als Komparator. Die Verzögerungszeit beginnt abzulaufen, sobald der Schalter S betätigt wird. In diesem Augenblick setzt eine Aufladung des Kodensators C über den Widerstand R ein, womit die Spannung am N-Eingang des OP von Null aus in positiver Richtung ansteigt. Überschreitet sie die Spannung am P-Eingang, so schaltet der Verstärkerausgang auf Null um und das Relais zieht an. Der Mitkopplungswiderstand von 15 MΩ bewirkt, daß der Umschaltvorgang schlagartig und keineswegs „schleichend" erfolgt.

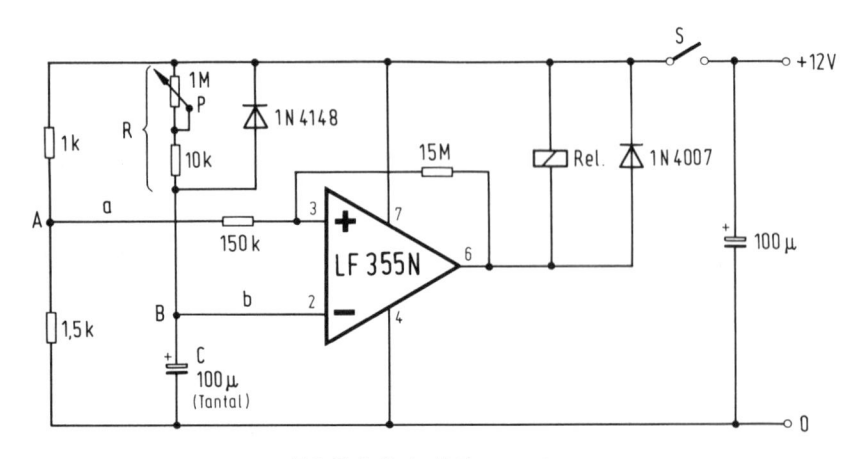

7.2 Zeitglied mit Komparator

Man kann das Schaltverhalten auch umkehren, indem man die Leitungen a und b, die zu den Punkten A und B führen, gegeneinander vertauscht. In diesem Fall zieht bei Anlegen der Speisespannung das Relais sofort an und fällt nach Beendigung der Verzögerungszeit wieder ab.

Die kürzeste Verzögerung beträgt 0,3 s (P = 0 Ω), die längste 120 s (P = 1 MΩ). Die Wiederbereitschaftszeit ist kleiner als 1 s, weil nach dem Abschalten der Speisespannung der Entladestrom des Kondensators C nicht über den je nach Einstellung des Potentiometers mehr oder weniger hochohmigen Widerstand R zu fließen braucht, sondern seinen Weg über die Diode 1 N 4148 nehmen kann.

7.3 Timer mit Miller-Integrator

Um weit genug vom Ausgangskurzschlußstrom I_{Qs} des LF 355 N (25 mA) entfernt zu bleiben, sollte der Widerstand der Relaisspule minimal 700 Ω betragen. Solche und höhere Ohmwerte besitzen Reedrelais.

7.3 Timer mit Miller-Integrator

In der Schaltung *Bild 7.3* arbeitet Operationsverstärker OP 1 als Integrator und OP 2 als Schmitt-Trigger, während der Transistor T zum Steuern des Relais Rel dient.

Im Ruhezustand ist der Kondensator C über den Relaiskontakt r und den 150-Ω-Widerstand kurzgeschlossen und damit der Operationsverstärker OP 1 praktisch voll gegengekoppelt. Seine Ausgangsspannung beträgt daher wie die Spannung am P-Eingang +2,5 V. Der P-Eingang von OP 2 erhält durch die zugehörigen Teilerwiderstände gegenüber dem N-Eingang eine positive Vorspannung, womit der Ausgang auf nahezu +12 V zu liegen kommt. Der Transistor würde deshalb durchgeschaltet sein, wenn nicht sein Emitterkreis unterbrochen wäre.

Betätigt man jetzt den Taster Ta, so zieht das Relais Rel an und hält sich über seinen Arbeitskontakt a selbst. Gleichzeitig öffnet der Kontakt r, so daß sich der Kondensator C über den Widerstand R aufzuladen beginnt. Infolge

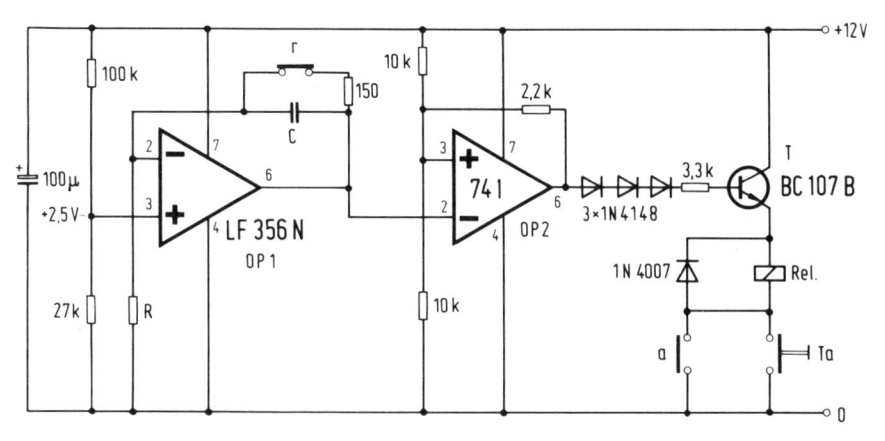

7.3 Timer mit Miller-Integrator

7 Zeitgeber

der Gegenkopplung von OP 1 über C steigt dabei die Ausgangsspannung des Operationsverstärkers nicht exponentiell wie die bekannte Ladespannungskurve, sondern zeitlinear an. Es ist dies der sogenannte Miller-Effekt. Er kommt dadurch zustande, daß der Ladestrom des Kondensators C aufgrund der genannten Gegenkopplung in seinem Wert konstant bleibt, und zwar deswegen, weil das Potential an Anschluß 6 von OP 1 im gleichen Maß steigt, wie die Aufladung von C fortschreitet. Die Ladespannung nimmt also zu.

Bei Erreichen eines Ausgangsspannungswertes von etwa +10 V schaltet der Verstärker OP 2 um, womit dessen Ausgangsspannung auf +2 V sinkt und der Transistor sperrt. Das Relais fällt also ab und der Kondensator C entlädt sich über den Ruhekontakt r. Nach erneutem Betätigen des Tasters bleibt das Relais daher wieder ebensolang eingeschaltet wie vorher, ohne daß eine Erholzeit abgewartet werden müße.

Bei verschiedenen R- und C-Werten wurden folgende Verzögerungszeiten gemessen:

R (MΩ)	C (µF)	t (s)
2	2,2	15
11	2,2	77
100	2,2	725
100	10	3 240

Mit größeren Kapazitätswerten sind Verzögerungen bis zu mehreren Stunden erreichbar. Voraussetzung für exakt reproduzierbare Zeiten ist, daß hochwertige Kondensatoren benutzt werden.

8 Elektronische Schalter

8.1 Schmitt-Trigger, invertierend

Der Schmitt-Trigger ist ein elektronischer Schalter, dessen Ausgang in Abhängigkeit vom Eingangssignal nur zwei verschiedene Zustände annimmt: Er liegt entweder auf dem Potential der positiven oder aber auf dem Potential der negativen Speiseleitung. Man kann deshalb eine solche Stufe auch dazu benutzen, Schwingungen beliebiger Kurvenform in Rechteckwellen umzuwandeln.

Die Umschaltpegel sind nicht genau gleich. Sie weichen vielmehr um die sogenannte Hysterese ΔU_i voneinander ab. Die zugehörige Kennlinie ist in *Bild 8.1* dargestellt. Darin bedeuten die Größen $U_{i\,ein}$ und $U_{i\,aus}$ den Ein- und den Ausschaltpegel, $U_{Q\,H}$ und $U_{Q\,L}$ den positiven und den negativen Ausgangsspannungswert.

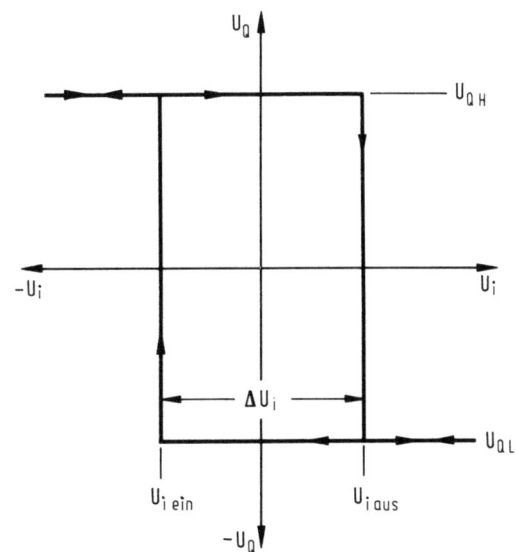

8.1 Kennlinie eines invertierenden Schmnitt-Triggers

8 Elektronische Schalter

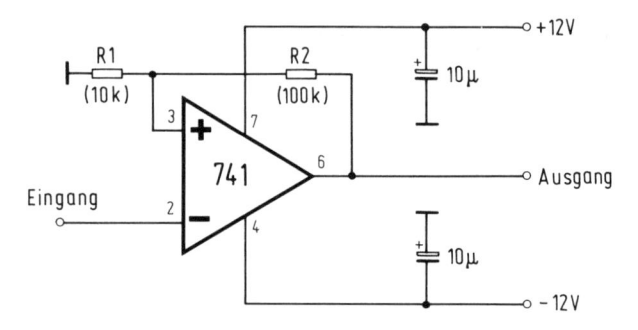

8.2 Schmitt-Trigger, invertierend

In *Bild 8.2* ist die Schaltung eines invertierenden Schmitt-Triggers angegeben. Es handelt sich hier um einen mitgekoppelten Operationsverstärker. Die Werte von $U_{i\,ein}$, $U_{i\,aus}$ und ΔU_i werden vom Verhältnis der Widerstände R_1 und R_2 und von der jeweiligen Ausgangsspannung in folgender Weise bestimmt:

$$U_{i\,ein} = \frac{R_1}{R_1 + R_2} \cdot U_{Q\,L}$$

$$U_{i\,aus} = \frac{R_1}{R_1 + R_2} \cdot U_{Q\,H}$$

$$\Delta U_i = \frac{R_1}{R_1 + R_2} \cdot (U_{Q\,H} - U_{Q\,L})$$

Bei gegebenem R_1 ist also die Hysterese ΔU_i um so größer, je kleiner man den Mitkopplungswiderstand R_2 wählt. ΔU_i ergibt sich natürlich auch aus der Differenz der Ansprechwerte $U_{i\,ein}$ und $U_{i\,aus}$. Die zwei letzteren Werte wiederum entsprechen dem jeweiligen Potential am P-Eingang. Beim Rechnen mit obigen Formeln muß der Größe $U_{Q\,L}$ selbstverständlich stets das negative Vorzeichen zugeordnet werden, da es sich hier ja um eine negative Spannung handelt.

Im H-Zustand der Schaltung wurde eine Ausgangsspannung von +11,3 V ermittelt, im L-Zustand eine solche von −10,5 V. Daraus errechnen sich der Einschaltpegel $U_{i\,ein}$ zu −0,95 V, der Ausschaltpegel $U_{i\,aus}$ zu +1,03 V und die Hysterese zu 1,98 V. Diese Werte wurden meßtechnisch bestätigt.

8.1 Schmitt-Trigger, invertierend

Es ist natürlich auch möglich, einen Schmitt-Trigger allein mit positiver Speisespannung zu betreiben. Dazu muß der P-Eingang des Operationsverstärkers durch einen zusätzlichen Widerstand R_3 eine Vorspannung erhalten (*Bild 8.3*). Hier gelten folgende Gleichungen:

$$U_{i\ ein} = \frac{U_b \cdot R_1 \cdot R_2 + U_{Q\ L} \cdot R_1 \cdot R_3}{R_1 \cdot R_3 + R_2 \cdot R_3 + R_1 \cdot R_2}$$

$$U_{i\ aus} = \frac{U_b \cdot R_1 \cdot R_2 + U_{Q\ H} \cdot R_1 \cdot R_3}{R_1 \cdot R_3 + R_2 \cdot R_3 + R_1 \cdot R_2}$$

$$\Delta U_i = \frac{(U_{Q\ H} - U_{Q\ L}) \cdot R_1 \cdot R_3}{R_1 \cdot R_3 + R_2 \cdot R_3 + R_1 \cdot R_2}$$

8.3 Invertierender Schmitt-Trigger ohne negative Speisespannung

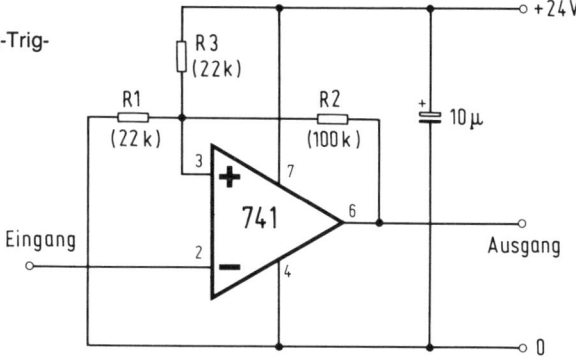

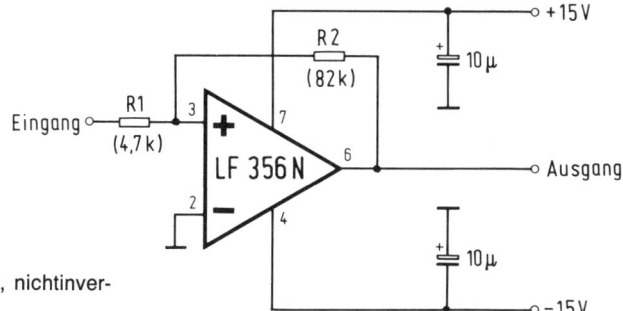

8.4 Schmitt-Trigger, nichtinvertierend

8 Elektronische Schalter

8.2 Schmitt-Trigger, nichtinvertierend

In umgekehrter Weise arbeitet die Schaltung *Bild 8.4*. Steigt die Eingangsspannung U_i in positiver Richtung auf den Ansprechwert $U_{i\ ein}$ bzw. darüber hinaus an, so schaltet der Ausgang des Operationsverstärkers nahezu auf $+U_b$ um. Bei anschließendem Sinken von U_i auf den Wert $U_{i\ aus}$ nimmt der Ausgang in sehr kurzer Zeit annähernd das Potential $-U_b$ an. *Bild 8.5* zeigt die zugehörige Kennlinie. Für die Ansprechwerte und für die Hysterese gelten folgende Gleichungen:

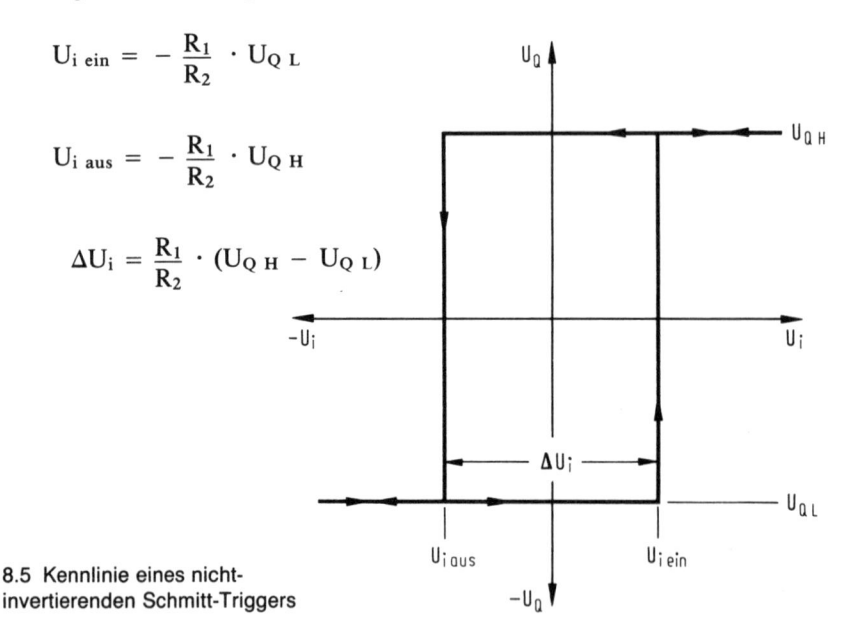

$$U_{i\ ein} = -\frac{R_1}{R_2} \cdot U_{Q\ L}$$

$$U_{i\ aus} = -\frac{R_1}{R_2} \cdot U_{Q\ H}$$

$$\Delta U_i = \frac{R_1}{R_2} \cdot (U_{Q\ H} - U_{Q\ L})$$

8.5 Kennlinie eines nichtinvertierenden Schmitt-Triggers

Im H-Zustand des Schmitt-Triggers wurde eine Ausgangsspannung von $+13,5$ V gemessen, im L-Zustand eine solche von -15 V. Aus diesen Werten ergeben sich der Einschaltpegel $U_{i\ ein}$ zu $+0,86$ V, der Ausschaltpegel $U_{i\ aus}$ zu $-0,78$ V und die Hysterese ΔU_i zu 1,64 V.

Will man einen nichtinvertierenden Schmitt-Trigger ohne negative Speisespannung betreiben, so ist der N-Eingang des Operationsverstärkers gemäß *Bild 8.6* durch zwei Teilerwiderstände R_3 und R_4 positiv vorzuspannen.

8.2 Schmitt-Trigger, nichtinvertierend

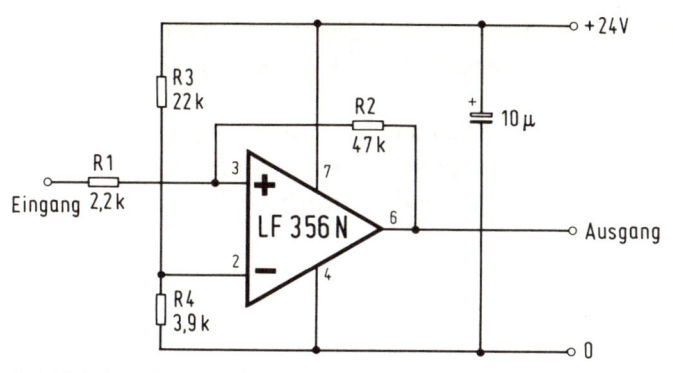

8.6 Nichtinvertierender Schmitt-Trigger ohne negative Speisespannung

Bei der angegebenen Dimensionierung wurden folgende Werte gemessen:

$U_{Q\,H}$ = 22,8 V
$U_{Q\,L}$ = 0,6 V
$U_{i\,ein}$ = 3,8 V
$U_{i\,aus}$ = 2,7 V
ΔU_i = 1,1 V

Um die Schaltung rechnerisch zu erfassen, ermittelt man zunächst die Hysterese nach der Formel

$$\Delta U_i = (U_{Q\,H} - U_{Q\,L}) \cdot \frac{R_1}{R_2}.$$

Danach wird die Spnnung U_{R_4} bestimmt, welche die Vorspannung des N-Eingangs bildet. Hierzu berechnet man zunächst den Strom I, der sich zu

$$I = \frac{U_b}{R_3 + R_4}$$

ergibt. Damit ist

$$U_{R_4} = I \cdot R_4.$$

Die Schwellenspannung $U_{i\,ein}$ kann man nun in einfacher Weise dadurch er-

9 Elektronische Schalter

mitteln, daß man zu U_{R_4} die Häfte von ΔU_i hinzurechnet. Dementsprechend ergibt sich $U_{i\,aus}$, indem man von U_{R_4} die Hälfte der Hysteresespannung ΔU_i abzieht.

Infolge unvermeidbarer Meßungenauigkeiten und Toleranzen der Widerstände weichen die genannten Meßwerte der Schmitt-Trigger-Schaltungen geringfügig von denjenigen Werten ab, die man rechnerisch erhält.

8.3 Komparator

Bei dem Komparator nach Schaltung *Bild 8.7* wird die Eingangsspannung U_i mit der einstellbaren Bezugsspannung U_v verglichen. Ist U_i größer als U_v, so führt der Ausgang Q das Potential +29 V, im umgekehrten Fall das Potential +2 V. Der Komparator arbeitet exakt innerhalb des U_v-Bereiches +2,5 bis +28 V.

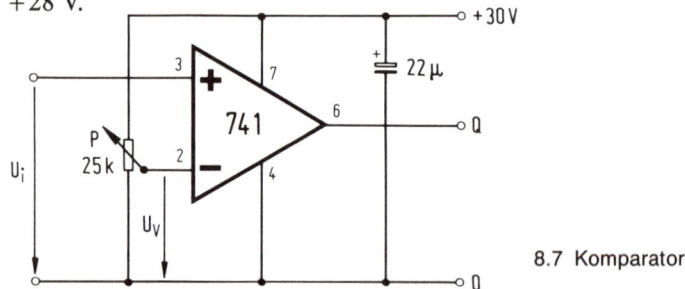

8.7 Komparator

Die Hysterese beträgt weniger als 10 mV, womit praktisch nur ein einziger, gut definierter Schaltpunkt gegeben ist.

Ein kleinerer Einstellbreich und damit eine entsprechend größere Einstellgenauigkeit der Spannung U_v ergibt sich, indem man das Potentiometer nicht unmittelbar, sondern über je einen Begrenzungswiderstand an die beiden Speisespannungsleitungen anschließt.

Werden die zu den Anschlüssen 2 und 3 des Schaltkreises führenden Leitungen gegeneinander vertauscht, so arbeitet der Komparator invertierend.

8.4 Spannungswächter

Überschreitet bei dem Spannungswächter nach *Bild 8.8* die Eingangsspannung U_i die am Potentiometer P eingestellte Vergleichsspannung U_v, so schaltet der Ausgang des Operationsverstärkers von +2,5 V auf +29 V um und das Relais Rel zieht an. Die beiden Widerstände R_1 und R_2 bewirken eine Hysterese, durch welche die Abfallschwelle des OP um 0,3 V tiefer als die Ansprechschwelle liegt. Diese Differenz wird größer, wenn man R_2 kleiner als angegeben bemißt. Entsprechendes gilt umgekehrt.

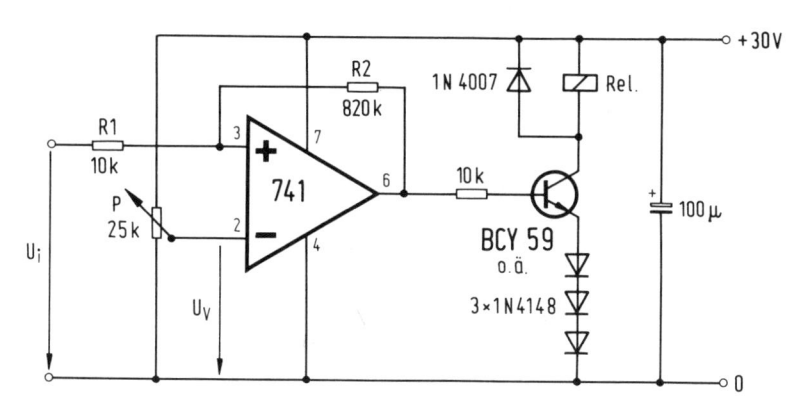

8.8 Spannungswächter

Der Wächter arbeitet mit Eingangsspannungen zwischen +2,5 V und +29 V. Will man höhere Spannungen erfassen, so ist dem Eingang ein entsprechender Teiler vorzuschalten.

Soll das Relais auch dann angezogen bleiben, wenn die Eingangsspannung die Abfallschwelle wieder unterschritten hat, so überbrückt man die Emitter-Kollektor-Strecke des Transistors mit einem seiner Arbeitskontakte. Dieser Kontakt wirkt dann als Selbsthaltekontakt. Auf diese Weise fällt das Relais erst nach Ausschalten der Speisespannung ab.

Durch die drei Dioden in der Emitterleitung wird erreicht, daß der Transistor im L-Zustand des Operationsverstärkerausgangs (U_Q = +2,5 V) absolut sicher sperrt. Das Relais ist ein 24-V-Typ, z. B. MZ/K-19, Fabrikat Pasi (2 Umschaltkontakte, Spulenwiderstand 930 Ω).

8 Elektronische Schalter

8.5 Stromwächter

Die Stromwächterschaltung *Bild 8.9* stellt im Grunde nur eine Abwandlung des zuletzt beschriebenen Spannungswächters dar. Der zu erfassende Strom I_i durchfließt den Widerstand R_i, der verhältnismäßig niederohmig ist und so den Wert von I_i praktisch nicht beeinflußt. Der an R_i auftretende Spannungsabfall U_i ist ein Maß für den zu überwachenden Strom und dient zum Steuern des Operationsverstärkers. Um Änderungen der Spannung U_i in voller Höhe zum Punkt a gelangen zu lassen, steht dieser Punkt über eine Z-Diode mit R_i in Verbindung. Bei Verwendung eines ohmschen Widerstandes anstelle der Diode würden Änderungen von U_i dem Teilerverhältnis entsprechend nur mehr oder weniger stark abgeschwächt am Punkt a wirksam sein.

In Schleiferstellung *unten* des Potentiometers P zieht das Relais an, wenn der Strom I_i den Wert 15 mA übersteigt. In Stellung *oben* wurde eine Ansprechschwelle von 600 mA gemessen. Die Hystere beträgt in beiden Fällen etwa 10 mA. Soll das Relais nach Unterschreiten des Ausschaltpegels von I_i angezogen bleiben, so schaltet man einen seiner Arbeitskontakte der Emitter-Kollektor-Strecke des Transistors als Selbsthaltekontakt parallel.

Der Spannungsteiler am N-Eingang des OP ist so zu dimensionieren, daß das Potential am Punkt b um etwa 0,5 V höher liegt als das am Punkt a. Es wird damit eine unerwünscht hohe Empfindlichkeit der Schaltung vermieden.

Je nach gewünschtem Ansprechbereich wird man den Widerstand R_i größer oder kleiner als angegeben bemessen. Dabei ist natürlich stets die erforderliche Belastbarkeit zu berücksichtigen.

8.6 Alarmanlage

Bei der Alarmanlage in *Bild 8.10* zum Schutz gegen Einbruch durchfließt ein Ruhestrom die Drahtschleife S, die aus mehreren in Serie geschalteten Fenster- und Türkontakten sowie Reißdrähten bestehen kann. Bei Unterbrechung der Schleife zieht ein Relais an, das eine Alarmhupe oder -Lampe so lange in Betrieb setzt, bis die Anlage abgeschaltet wird. Ein Überbrücken der Unterbrechungsstelle beendet das Signal nicht.

8.6 Alarmanlage

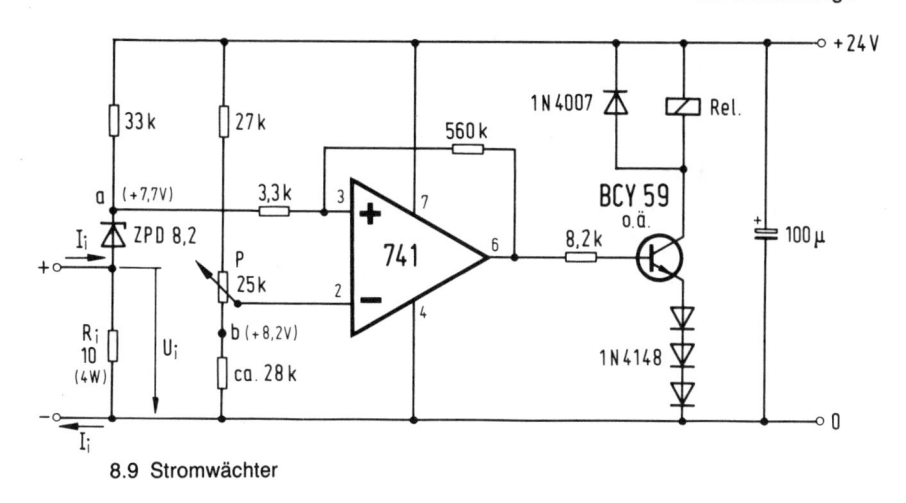

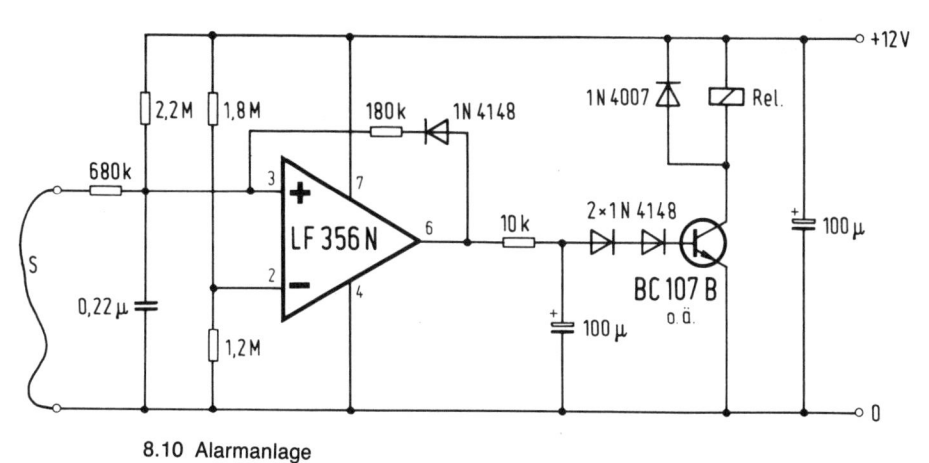

8.9 Stromwächter

8.10 Alarmanlage

Nach Einschalten der Speisespannung kommt der Ausgang des Operationsverstärkers nahezu auf Null zu liegen und das Relais bleibt abgefallen. Wird die Schleife dann unterbrochen, so erhält der P-Eingang über den 2,2-MΩ-Widerstand positiveres Potential und das Relais zieht an. Durch die Mitkopplung des OP über die Diode und den 180-kΩ-Widerstand ist gewährleistet, daß es auch dann angezogen bleibt, wenn die Schleife nach einer Unterbrechung wieder geschlossen wird. Ohne die Diode würde der Verstärker-

8 Elektronische Schalter

ausgang bei Schleifenunterbrechung nicht auf „H" umschalten können, weil dann der P-Eingang von Anschluß 6 her auf einem Potential von nur wenig über Null festgehalten würde.

Um zu vermeiden, daß durch etwaige Einschwingvorgänge beim Einschalten der Anlage das Relais kurzzeitig erregt wird, ist in die Zuleitung zur Basis des Transistors ein RC-Glied 10 kΩ/100 μF eingefügt.

Im Hinblick auf optimale Bereitschaftssicherheit empfiehlt es sich, die Alarmanlage mit einem gepufferten Akkumulator zu betreiben. Die Stromaufnahme im Ruhezustand beträgt 3 mA.

8.7 Prellfreier Schalter

Zum Testen elektronischer Zähler ist ein Generator erforderlich, der positiv oder negativ gerichtete Rechteckimpulse erzeugt. Grundsätzlich könnte man hierzu eine einfache Schaltung mit Spannungsquelle, Taster und Widerstand entsprechend *Bild 8.11a* bzw. *8.11 b* aufbauen. Solange sich der Kontakt in Ruhestellung befindet, führt der Ausgang Q das gleiche Potential wie die Bezugsleitung. Betätigt man ihn dagegen, so wird Q mit dem Plus- bzw. mit dem Minuspol der Batterie verbunden. Damit entsteht ein positiver bzw. ein negativer Impuls, der so lange anhält, bis man den Taster wieder losläßt.

Leider arbeitet kein elektromechanischer Schalter prellfrei. In der Regel ergibt sich deshalb bei der Kontaktgabe nicht nur ein Impuls, sondern es tregen je nach den Umständen gleich zwei, drei oder vier Signale auf. Elektroni-

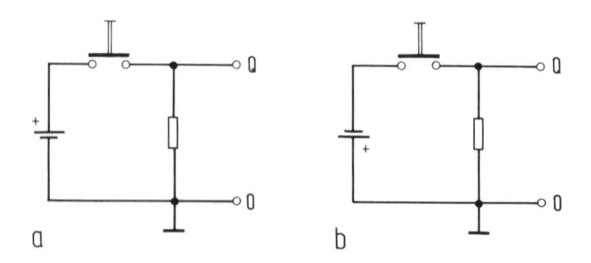

8.11 Handbetätigter Generator für positive (a) und für negative Testimpulse (b)

8.7 Prellfreier Schalter

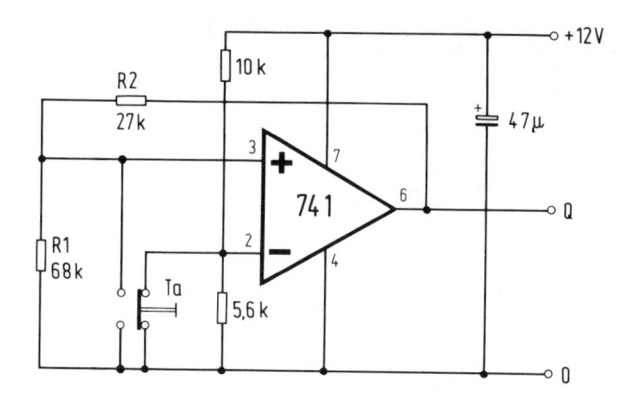

8.12 Prellfreier Schalter

sche Zähler wirken indessen so schnell, daß sie diese Impulse sämtlich erfassen. Ein eindeutiges Testen ist demnach so nicht möglich.

Bild 8.12 zeigt die Schaltung eines Imupulsgenerators, bei dem das Kontaktprellen durch einen kleinen Trick völlig unwirksam bleibt. In Ruhestellung des Umschalttasters Ta liegt der Ausgang des Operationsverstärkers auf etwa +10 V. Beim Öffnen des Kontaktes ändert sich an diesem Zustand noch nichts, weil der N-Eingang über den zugehörigen Spannungsteiler gegenüber dem P-Eingang weiterhin eine entsprechende Vorspannung erhält. Wird dann aber der Arbeitskontakt geschlossen — ob mit oder ohne Prellen — so fällt das Potential an Anschluß 6 in steilem Sprung auf +2 V. Nach Loslassen des Tasters nimmt der Ausgang Q in gleicher Weise wieder den Wert +10 V an.

Will man anstelle der negativen Impulse positive erzeugen, so brauchen der Arbeits- und der Ruhekontakt nur miteinander vertauscht zu werden.

Die Hysterese des Schalters beläuft sich auf

$$U_i = \frac{R_1}{R_1 + R_2} \cdot (U_{Q\,H} - U_{Q\,L}) = \frac{68\,k\Omega}{68\,k\Omega + 27\,k\Omega} \cdot (10\,V - 2\,V) =$$
$$= 0{,}72 \cdot 8\,V = 5{,}76\,V.$$

9 Rechenschaltungen

9.1 Addierer, invertierend

Man kann mit Operationsverstärkern auch analoge Rechenoperationen ausführen, wobei jedem Zahlenwert ein bestimmter Spannungswert entspricht. Ursprünglich wurden solche Verstärker ausschließlich für derartige Zwecke benutzt, woraus sich ihr Name erklärt.

9.1 Addierer, invertierend

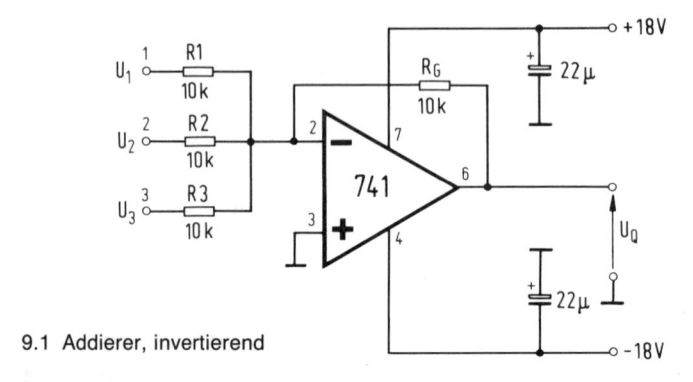

Bild 9.1 zeigt die Schaltung eines invertierenden Addierers. Der N-Eingang des OP ist über je einen Widerstand à 10 kΩ mit den Eingangspunkten 1-3 verbunden. Ein weiterer Widerstand zu ebenfalls 10 kΩ bildet den Gegenkopplungspfad. Bei diesem Sonderfall mit gleichen R-Werten wird jede der Eingangsspannungen U_1, U_2 und U_3 um den Faktor -1 verstärkt. Die Ausgangsspannung ergibt sich folglich zu

$$U_Q = -(U_1 + U_2 + U_3).$$

So rufen beispielsweise die Eingangsspannungen $U_1 = +3$ V, $U_2 = +6$ V und $U_3 = -4$ V die Ausgangsspannung

$$U_Q = -(3\text{ V} + 6\text{ V} - 4\text{ V}) = -5\text{ V}$$

hervor.

9.2 Addierer, nichtinvertierend

Bei der angegebenen Speisespannung von ±18 V kann die Schaltung bis ±16 V ausgesteuert werden. Die Rechengenauigkeit ist um so größer, je kleiner die Toleranzen der Widerstände sind.

Zur Vereinfachung des Rechnens waren wir in unserem Beispiel von gleichen Widerstandswerten ausgegangen. Es können natürlich auch ungleiche Werte benutzt werden. In jedem Fall ergibt sich die Ausgangsspannung nach der Formel

$$U_Q = -(U_1 \cdot \frac{R_G}{R_1} + U_2 \cdot \frac{R_G}{R_2} + U_3 \cdot \frac{R_G}{R_3}).$$

9.2 Addierer, nichtinvertierend

Für einen nichtinvertierenden Addierer wird ein weiterer Operationsverstärker mit dem Verstärkungsgrad -1 benötigt, der das Rechenergebnis umkehrt *(Bild 9.2)*. Ganz allgemein ergibt sich hier die Ausgangsspannung zu

$$U_Q = U_1 \cdot \frac{R_G}{R_1} + U_2 \cdot \frac{R_G}{R_2} + U_3 \cdot \frac{R_G}{R_3}.$$

Für den Sonderfall $R_G = R_1 = R_2 = R_3$ gilt die Gleichung

$$U_Q = U_1 + U_2 + U_3.$$

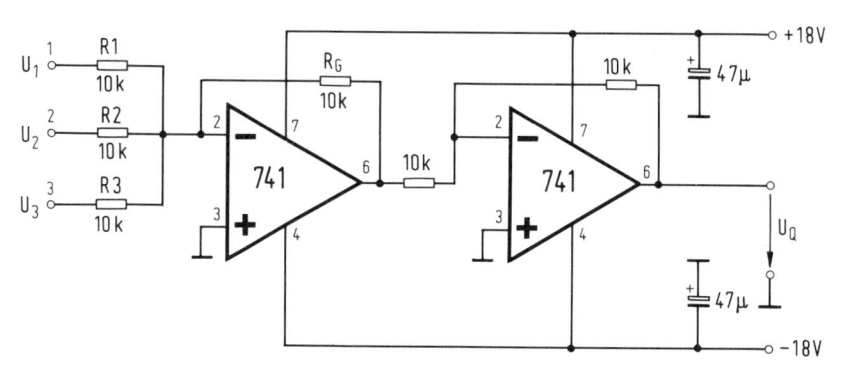

9.2 Addierer, nichtinvertierend

Der praktische Aufbau eines solchen Addierers läßt sich vereinfachen, indem man einen Doppeloperationsverstärker verwendet.

9.3 Subtrahierer

Bei dem Subtrahierer nach *Bild 9.3* wird aufgrund der Widerstandsverhältnisse $R_2/R_1 = 1$ und $R_4/R_3 = 1$ die Eingangsspannung U_1 um den Faktor -1 verstärkt und die Eingangsspannung U_2 um den Faktor $+1$. Die Ausgangsspannung ergibt sich daher zu

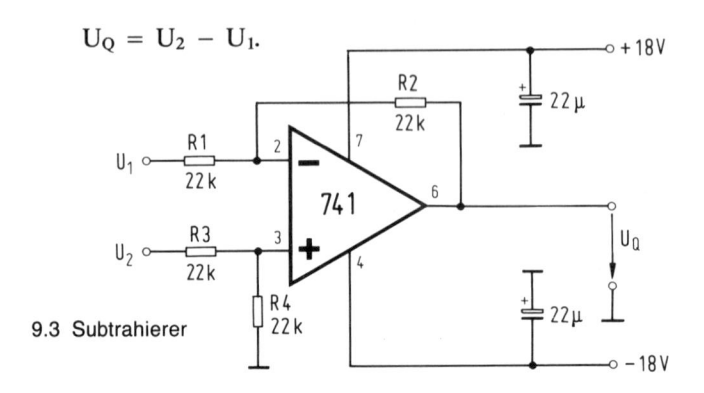

$$U_Q = U_2 - U_1.$$

9.3 Subtrahierer

Beträgt U_2 beispielsweise 15 V und U_1 10 V, so beläuft sich U_Q auf 5 V. Die Schaltung arbeitet in jedem Fall vorzeichenrichtig.

Sind die Widerstandsverhältnisse größer als 1, aber doch einander gleich, so ist die Verstärkung im selben Maße höher. Bei einem Verhältnis von 3 – bezogen auf $U_2 = 7$ V und $U_1 = 3$ V – entsteht die Ausgangsspannung

$$U_Q = 3 \cdot U_2 - 3 \cdot U_1 = 21\ V - 9\ V = 12\ V.$$

Wie aus *Bild 9.4* hervorgeht, kann man einen Subtrahierer auch mit zwei Operationsverstärkern aufbauen, die wie ein nichtinvertierender Addierer geschaltet sind. Die Eingangsspannung U_1 wird der Invertierung wegen hier um den Faktor -1 verstärkt, die Eingangsspannung U_2 der doppelten

Invertierung wegen um den Faktor +1. Die Ausgangsspannung ergibt sich daher ebenfalls zu

$$U_Q = U_2 - U_1,$$

wobei die Subtraktion gleichfalls stets vorzeichenrichtig erfolgt. Beträgt zum Beispiel U_2 +10 V und U_2 −5 V, so ist

$$U_Q = 10 \text{ V} - (-5 \text{ V}) = 15 \text{ V}.$$

Die Subtraktion einer negativen Zahl stellt bekanntlich eine Addition dar.

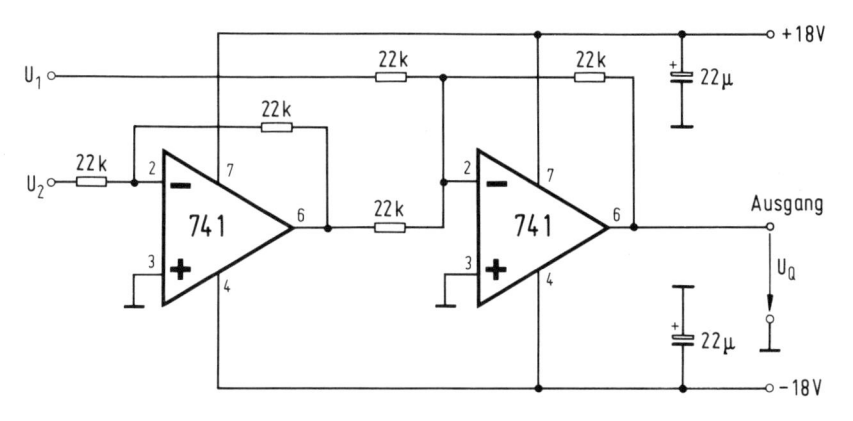

9.4 Subtrahierer mit zwei Operationsverstärkern

9.4 Intergrierer, invertierend

Der Integrator oder Integrierer ist eine Schaltung zum Erfassen und Speichern der Spannungszeitsumme von Impulsen beliebiger Kurvenform. Er liefert eine absolut zeitlinear verlaufende Ausgangsspannung und eignet sich deshalb in hervorragender Weise auch zum Erzeugen von Sägezahn- und Dreieckschwingungen.

Gegenüber dem invertierenden Verstärker ist beim invertierenden Integrator der Gegenkopplungswiderstand durch einen Kondensator ersetzt *(Bild*

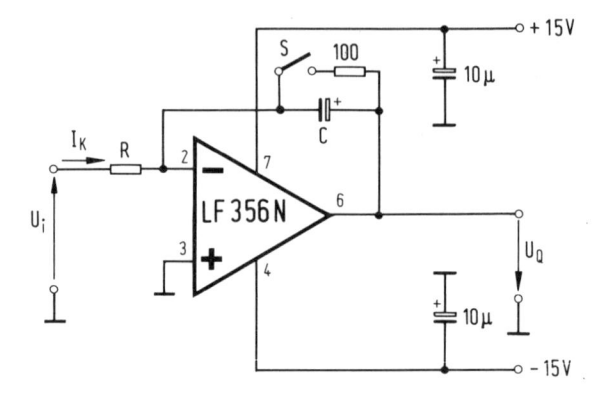

9 Rechenschaltungen

9.5 Intgrierer, invertierend

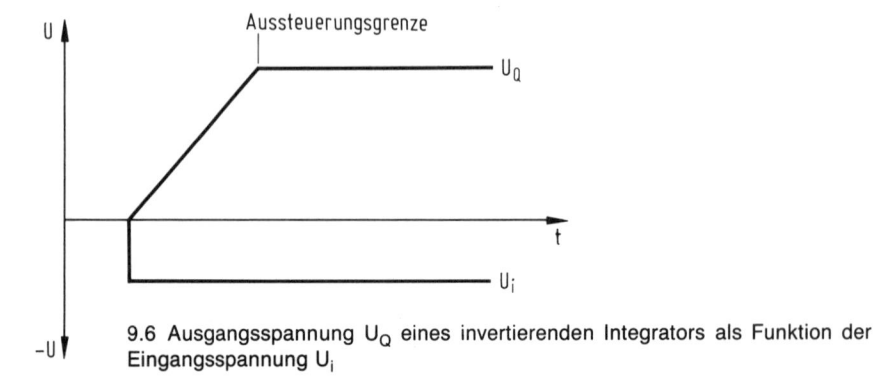

9.6 Ausgangsspannung U_Q eines invertierenden Integrators als Funktion der Eingangsspannung U_i

9.5). Aufgrund der bereits an anderer Stelle dieses Buches beschriebenen Selbstregelung von Operationsverstärkern können wir davon ausgehen, daß das Potential am N-Eingang das gleiche wie das am P-Eingang ist (virtuelle Masse). Legt man daher eine Eingangsspannung U_i an die Schaltung an, so wird der Widerstand R von einem konstanten Strom

$$I_k = \frac{U_i}{R}$$

durchflossen.

Dieser Strom stellt aber zugleich den Ladestrom des Kondensators C dar. Um ihn aufrechtzuerhalten, steigt zwangsläufig die Ausgansspannung U_Q zeitlinear bis zum Erreichen der Aussteuerungsgrenze an, und zwar in positi-

9.4 Integrierer, invertierend

ver Richtung bei negativer Eingangsspannung und umgekehrt bei positivem Vorzeichen von U_i. *Bild 9.6* zeigt diesen Vorgang grafisch auf. Je größer der Strom I_k ist, desto steiler verläuft der Anstieg von U_Q und um so früher wird die Aussteuerungsgrenze erreicht. Entlädt man dann den Kondensator durch kurzes Schließen des Kontaktes S, so fällt U_Q sehr schnell auf Null ab, beginnt aber gleich darauf wieder anzusteigen.

Mit der Eingangsspannung -15 V wurden bei verschiedenen R- und C-Werten für den Anstieg der Spannung U_Q von Null auf den Grenzwert $+14$ V folgende Zeiten gemessen:

C (μF)	R (MΩ)	t (s)
1	1	1
10	1	9
10	10	85

Zusammenfassend kann also gesagt werden, daß die Spannung U_Q um so schneller wächst, je größer einerseits die Spannung U_i ist und je kleiner andererseits die Werte von R und C sind.

Die im Schaltbild angegebene Polarität des Kondensators C gilt für eine Ausgangsspannung mit positivem Vorzeichen.

Aus der Darstellung in *Bild 9.7* geht hervor, in welcher Weise sich eine dem Eingang zugeleitete Impulsfolge auf die Ausgangsspannung U_Q auswirkt, die damit ein Maß für die Spannungszeitsumme aller Einzelimpulse ist.

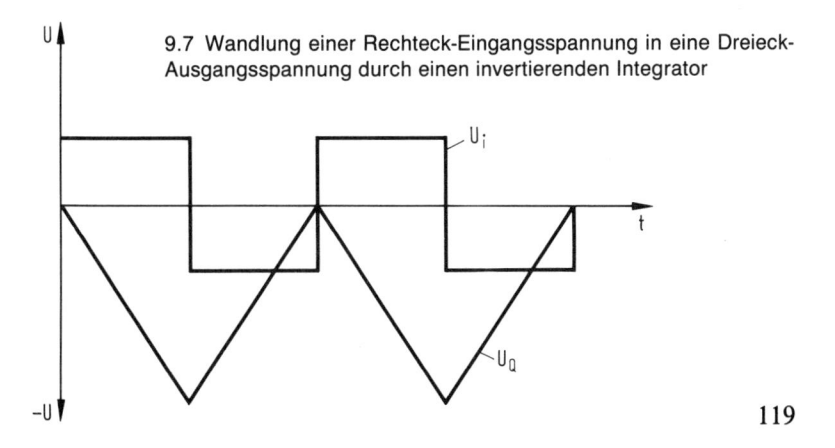

9.7 Wandlung einer Rechteck-Eingangsspannung in eine Dreieck-Ausgangsspannung durch einen invertierenden Integrator

9 Rechenschaltungen

9.5 Integrierer, nichtinvertierend

Bei dem nichtinvertierenden Integrierer in *Bild 9.8* ist der Widerstand R zweimal vorhanden, erstens als Ladewiderstand für den Kondensator C, weiterhin als Mitkopplungswiderstand zwischen Ausgang und P-Eingang des Operationsverstärkers. Wird an die Schaltung eine Eingangsspannung U_i angelegt, so beginnt der Kondensator sich aufzuladen. Ohne den Mitkopplungszweig würde dabei die Spannung U_c nach der e-Funktion, das heißt mit abnehmender Steilheit anwachsen. Wegen der Verstärkung von U_c im OP und der anschließend erfolgenden Rückkopplung wird die Aufladung von C jedoch nicht mehr allein durch die Spannung U_i bewirkt, sondern zusätzlich durch die Ausgangsspannung U_Q. Auf diese Weise nimmt U_c zeitlinear zu, womit letzten Endes auch die Spannung U_Q zeitlinear und in gleicher Richtung wie U_c ansteigt. U_Q wächst dabei um so schneller, je größer U_i und je kleiner R und C sind. Bei Abfall von U_i auf Null bleibt U_Q auf dem bisher erreichten Wert stehen.

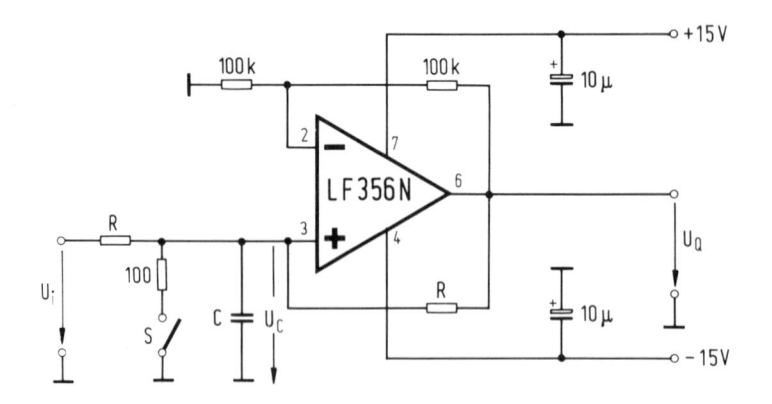

9.8 Integrierer, nichtinvertierend

Mit R = 10 MΩ und C = 2,2 µF wurden bei verschiedenen Eingangsspannungen U_i folgende Zeiten t für das Ansteigen der Spannung U_Q von Null aus bis zur Aussteuerungsgrenze von 14 V gemessen:

+ U_i (V)	t (s)
0,5	390
1	170
2	85
5	30
10	16
15	12

Diese Werte gelten annähernd auch für negative Eingangsspannungen.

Man kann einen nichtinvertierenden Integrator fernerhin dadurch realisieren, daß man einem invertierenden Integrierer eine Umkehrstufe nachschaltet.

9.6 Differenzierer, invertierend

Der Differenzierer oder Differentiator nach *Bild 9.9* unterscheidet sich vom Integrator in Bild 9.5 dadurch, daß R und C gegeneinander vertauscht sind. In die Eingangsleitung ist zum Unterdrücken von Eigenschwingungen noch ein Widerstand R_k eingefügt, der aber die eigentliche Funktion nicht beeinflußt.

Die Ausgangsspannungsamplitude eines Differenzierers ist der Änderungsgeschwindigkeit dU_i/dt des Eingangssignals proportional. Für die Schaltung in Bild 9.9 gilt somit die Gleichung

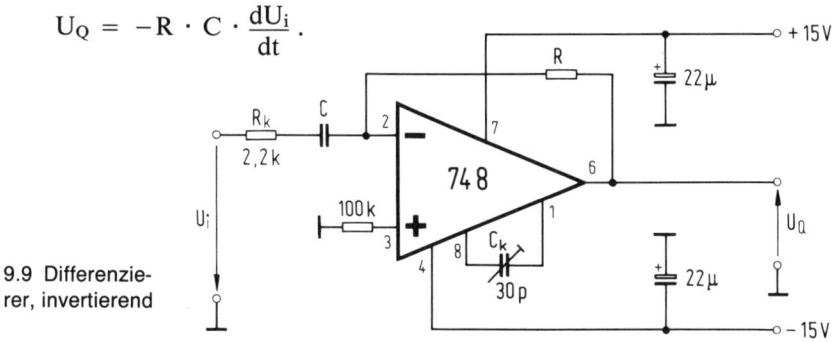

$$U_Q = -R \cdot C \cdot \frac{dU_i}{dt}.$$

9.9 Differenzierer, invertierend

9 Rechenschaltungen

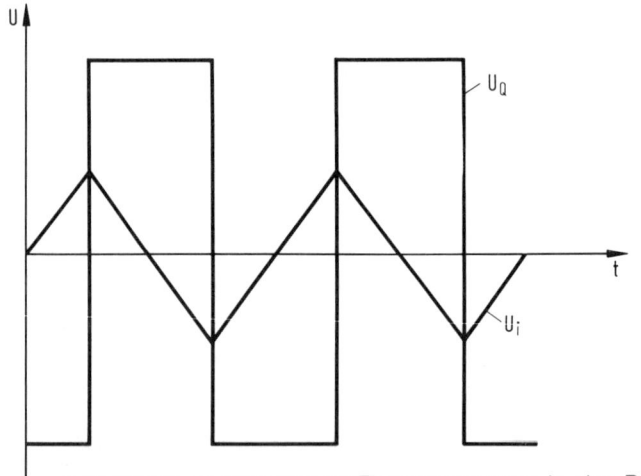

9.10 Wandlung einer Dreieck-Eingangsspannung in eine Rechteck-Ausgangsspannung durch einen invertierenden Differenzierer

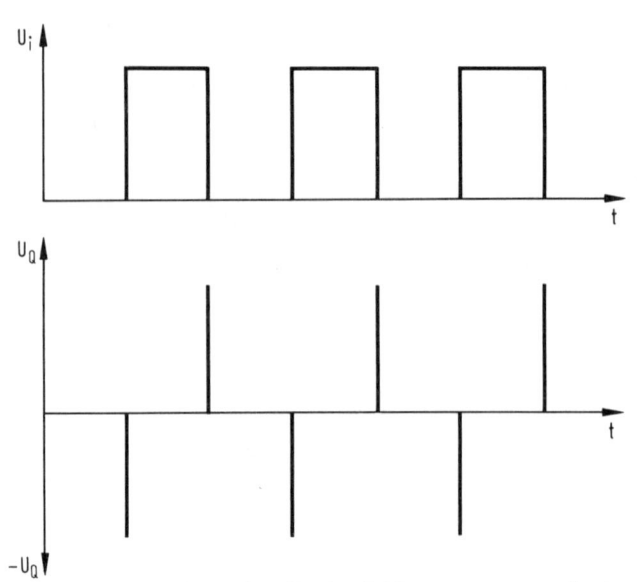

9.11 Wandlung einer Rechteck-Eingangsspannung in eine Spitzenimpuls-Ausgangsspannung durch einen invertierenden Differenzierer

Eine dreieckförmige Eingangsspannung ruft demnach eine rechteckförmige Ausgangsspannung hervor *(Bild 9.10)*. Die Erklärung liegt ganz einfach darin, daß die Anstiegs- und die Abfallgeschwindigkeit des Eingangssignals gleichbleibend sind, weshalb nach obiger Definition auch eine gleichbleibende Ausgangsspannungsamplitude entsteht. Andererseits verursacht eine Rechteckspannung am Eingang ausgangsseitig lediglich schmale Spitzenimpulse von der Dauer der Anstiegs- bzw. der Abfallzeit des Rechtecksignals. Während des Anstehens der Rechteckspannung beträgt deren Änderungsgeschwindigkeit und damit auch die Ausgangsspannung Null *(Bild 9.11)*. Wird ein Differenzierer indessen mit einer Sinusspannung beschickt, so entsteht am Ausgang gleichfalls eine Sinusspannung, doch eilt diese der Eingangsspannung um 90° vor.

Als Operationsverstärker sollte eine Ausführung mit der Möglichkeit zur externen Frequenzgangkorrektur Anwendung finden, zum Beispiel der Typ 748. Die dazu vorgesehenen Anschlüsse 1 und 8 werden mit einem Trimmkondensator C_k beschaltet, der so einzustellen ist, daß eine Rechteck-Ausgangsspannung ein Minimum an Überschwingen zeigt.

9.7 Differenzierer, nichtinvertierend

Der nichtinvertierende Differenzierer in *Bild 9.12* stellt praktisch das Gegenstück zum Integrierer in Abb. 9.8 dar. C und R sind jeweils zweifach vorhan-

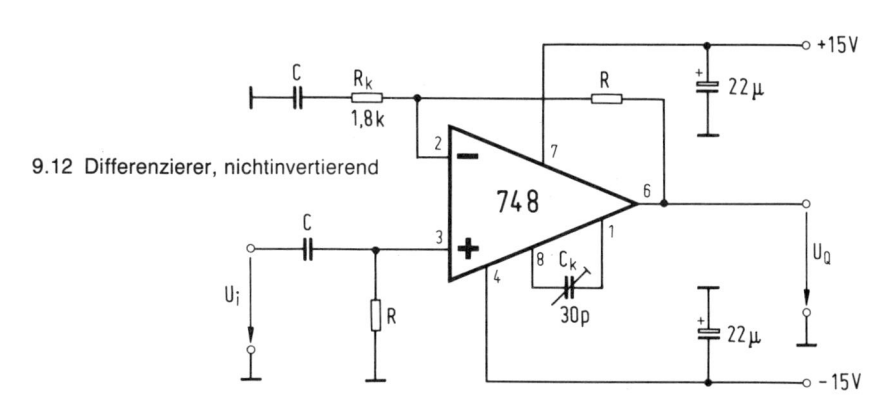

9.12 Differenzierer, nichtinvertierend

9 Rechenschaltungen

den. Der Widerstand R_k dient zum Unterdrücken von Eigenschwingungen, der Kondensator C_k zum Einstellen einer Ausgangsspannung mit möglichst kleinem Überschwingen. Hier gilt die Formel

$$U_Q = R \cdot C \cdot \frac{dU_i}{dt}.$$

Ein nichtinvertierender Differenzierer läßt sich auch in der Weise erstellen, daß man das Ausgangssignal eines invertierenden Differenzierers über eine Umkehrstufe leitet.

10 Aktive Filter

10.1 Tiefpaß 1. Ordnung

Filter dienen zum Aussieben bzw. zum Unterdrücken von Frequenzen innerhalb eines bestimmten Bereiches. So gibt es Tiefpässe, Hochpässe, Bandpässe und Bandsperren. Man unterscheidet zwischen passiven und aktiven Filtern. Erstere bestehen lediglich aus passiven Bauteilen, zumeist einem Widerstand und einem Kondensator, letztere enthalten zusätzlich einen Operationsverstärker.

In *Bild 10.1* sind ein passiver Tiefpaß und ein ebensolcher Hochpaß sowie die zugehörigen Durchlaßkennlinien angegeben. Diejenige Frequenz, bei der die Ausgangsspannung U_Q auf $\frac{1}{\sqrt{2}} \approx 70\ \%$ der Eingangsspannung U_i ab-

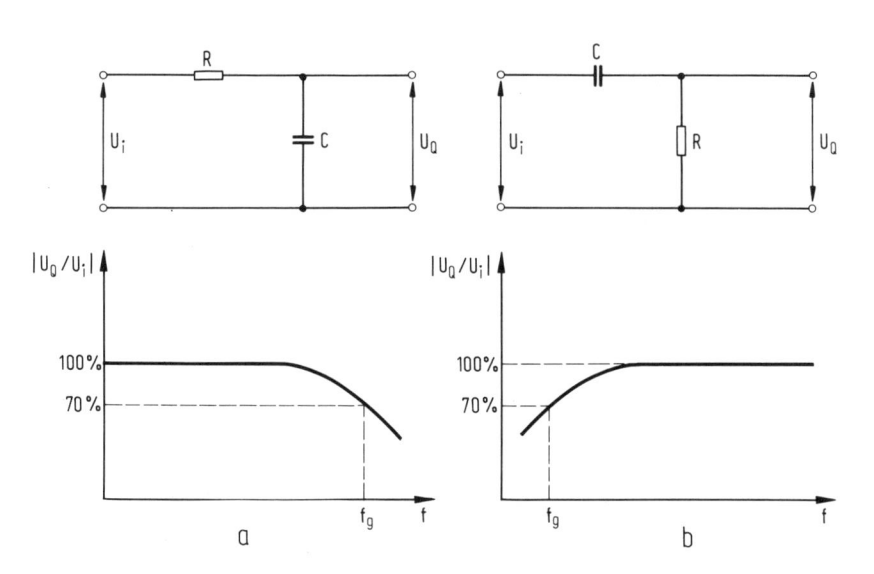

10.1 Passiver Tiefpaß (a) und passiver Hochpaß (b) mit den zugehörigen Durchlaßkennlinien

10 Aktive Filter

fällt, wird als obere bzw. als untere Grenzfrequenz bezeichnet. Sie errechnet sich zu

$$f_g = \frac{1}{2\pi \cdot R \cdot C}.$$

Die angeführten zwei Pässe gehören zur Kategorie von Filtern sogenannter 1. Ordnung und sind charakterisiert durch die Steilheit des Kennlinienabfalls jenseits von f_g. Eine größere Steilheit läßt sich erreichen, indem man zwei oder drei Hoch- bzw. Tiefpässe hintereinanderschaltet. Man spricht dann von Filtern zweiten oder dritten Grades. Je nach der Ordnungszahl n nimmt die Ausgangsspannung U_Q um $n \cdot 20$ dB je Dekade oder um $n \cdot 6$ dB je Oktave ab *(Bild 10.2)*.

Passive Filter sind im Gegensatz zu den aktiven nur gering belastbar. Letztere haben darüber hinaus den Vorteil, daß zugleich eine Signalverstärkung möglich ist. Auch kann der Übergang zwischen Durchlaßbereich und Grenzfrequenz verschiedenartig gestaltet werden, wobei man zwischen Filtertypen nach Butterworth, Tschebyscheff und Bessel unterscheidet *(Bild 10.3)*.

Ein aktives Filter 1. Ordnung läßt sich in einfachster Weise dadurch realisieren, daß man einem passiven Filter 1. Ordnung einen Operationsverstär-

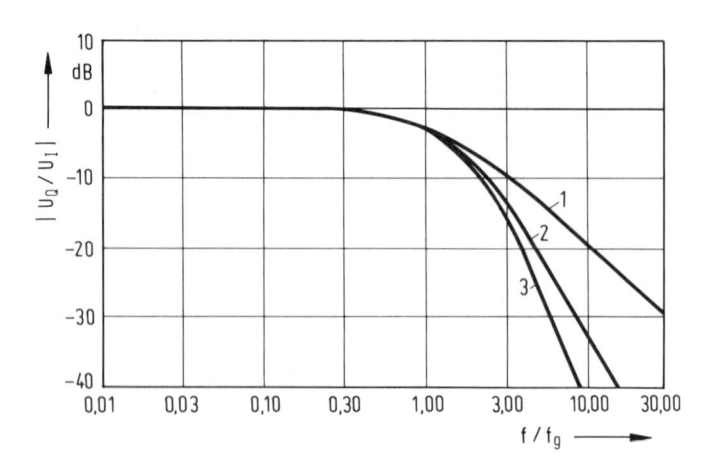

10.2 Frequenzgang passiver Tiefpässe 1., 2. und 3. Ordnung mit kritischer Dämpfung (1, 2, 3)

10.1 Tiefpaß 1. Ordnung

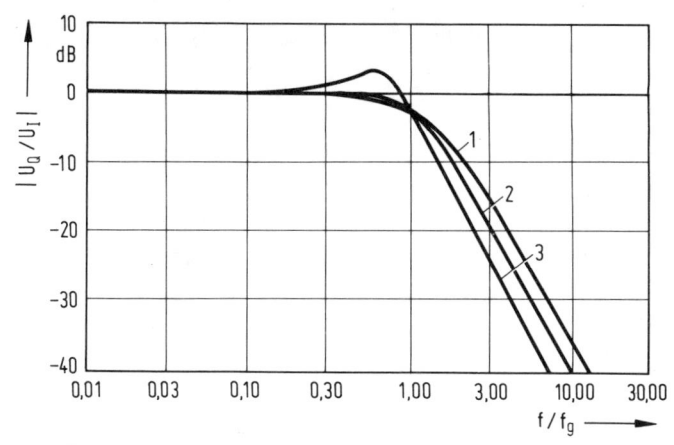

10.3 Frequenzgang eines Bessel-Tiefpasses (1), eines Butterworth-Tiefpasses (2) und eines Tschebyscheff-Tiefpasses mit 3 dB Welligkeit (3); die Kennlinien beziehen sich auf aktive Filter 2. Ordnung

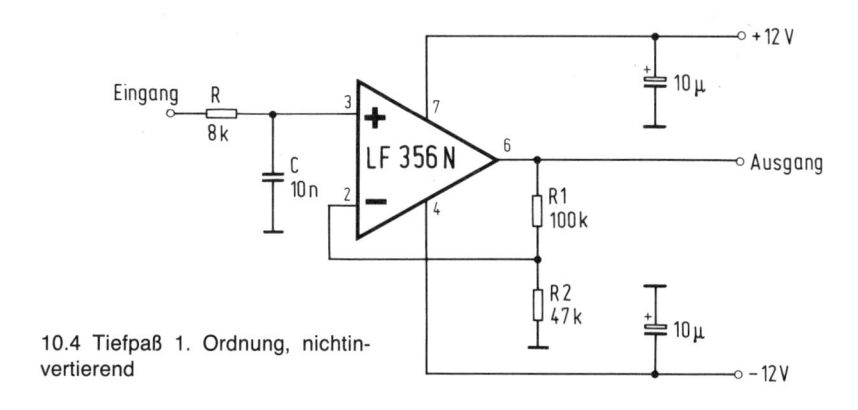

10.4 Tiefpaß 1. Ordnung, nichtinvertierend

ker nachschaltet. *Bild 10.4* zeigt als Beispiel einen nichtinvertierenden Tiefpaß, dessen obere Grenzfrequenz sich zu

$$f_g = \frac{1}{2\pi \cdot R \cdot C} = \frac{1}{6{,}28 \cdot 8 \cdot 10^3\,\Omega \cdot 10 \cdot 10^{-9}\,F} \approx 2\text{ kHz}$$

ergibt, während sich die Verstärkung auf

10 Aktive Filter

$$v = 1 + \frac{R_2}{R_3} = 1 + \frac{100\ k\Omega}{47\ k\Omega} \approx 3$$

beläuft.

Ein invertierender Tiefpaß ist in *Bild 10.5* angegeben. Die obere Grenzfrequenz beträgt hier

$$f_g = \frac{1}{2\pi \cdot R \cdot C} = \frac{1}{6{,}28 \cdot 47 \cdot 10^3\ \Omega \cdot 1 \cdot 10^{-9}\ F} \approx 3{,}4\ kHz,$$

die Verstärkung

$$v = \frac{R}{R_1} = 1 + \frac{47\ k\Omega}{10\ k\Omega} = 4{,}7.$$

Beide Pässe arbeiten zugleich als Impedanzwandler und besitzen kritische Dämpfung.

10.2 Hochpaß 1. Ordnung

Vertauschen wir in der Schaltung nach *Bild 10.4* den Widerstand R und den Kondensator C miteinander, so erhalten wir einen aktiven Hochpaß 1. Ordnung, dessen Grenzfrequenz — hier die untere — aufgrund der gleichbleibenden Bauteiledimensionierung ebenfalls 2 kHz bei v = 3 beträgt.

Selbstverständlich weist ein Hochpaßfilter auch eine obere Grenzfrequenz auf, die durch die Eigenschaften des Operationsverstärkers bedingt ist. Der LF 356 N weist bei f = 5 MHz die Leerlaufverstärkung $v_o \approx 1$ auf. Da nun die Verstärkung v in oben genannter Schaltung 3 beträgt, errechnet sich die obere Grenzfrequenz annähernd zu

$$f_g = \frac{5\ MHz}{3} = 1{,}66\ MHz.$$

Der Tiefpaß Bild 10.5 läßt sich durch entsprechendes Austauschen von R, R_1 und C ebenfalls in einen Hochpaß umwandeln. Es entsteht dann die Schaltung *Bild 10.6*. Die untere Grenzfrequenz beläuft sich ebenfalls auf

$$f_g = \frac{1}{2\pi \cdot R \cdot C} = \frac{1}{6{,}28 \cdot 10 \cdot 10^3\ \Omega \cdot 4{,}7 \cdot 10^{-9}\ F} \approx 3{,}4\ kHz,$$

10.2 Hochpaß 1. Ordnung

10.5 Tiefpaß 1. Ordnung, invertierend

10.6 Hochpaß 1. Ordnung

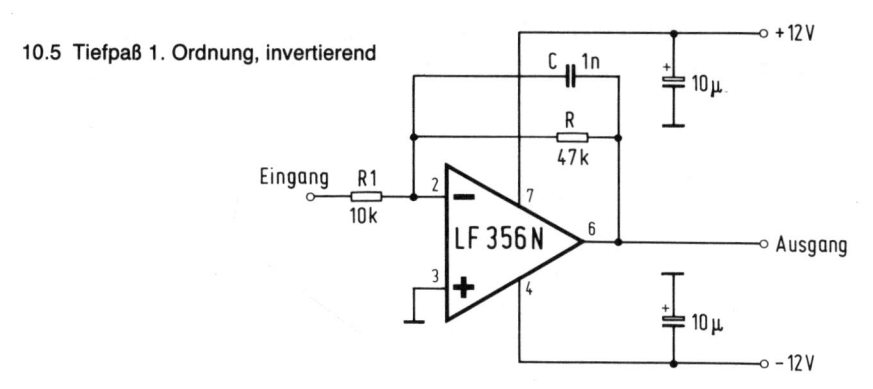

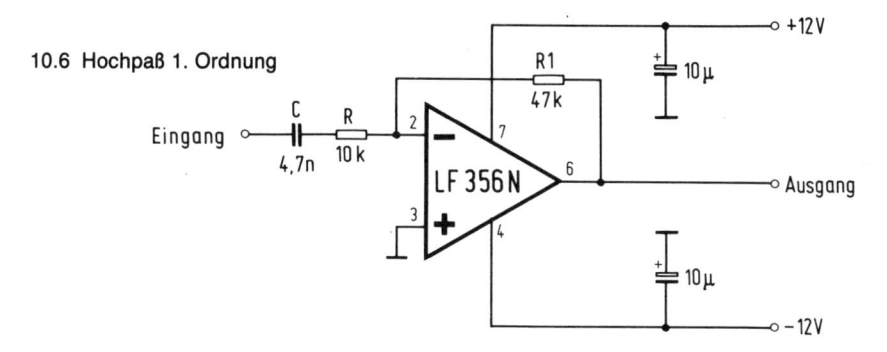

wobei aber C von 1 nF auf 4,7 nF erhöht und R von 47 kΩ auf 10 kΩ vermindert worden ist, um wieder den gleichen f_g-Wert zu erhalten. Der Grund liegt darin, daß der frequenzbestimmende Widerstand nicht mehr der Widerstand im Gegenkopplungszweig, sondern der in der Eingangsleitung ist.

Die Verstärkung ergibt sich zu

$$v = \frac{R_1}{R} = \frac{47 \text{ k}\Omega}{10 \text{ k}\Omega} = 4,7,$$

womit sich die obere Grenzfrequenz zu

$$f_g = \frac{5 \text{ MHz}}{4,7} = 1,06 \text{ MHz}$$

errechnet.

10 Aktive Filter

Beide Hochpässe arbeiten wie die zuvor beschriebenen Tiefpässe zugleich als Impedanzwandler und besitzen kritische Dämpfung.

10.3 Tiefpaß 2. Ordnung

Die Berechnung von Filtern 2. Ordnung läßt sich vereinfachen, indem man den OP mit der Verstärkung 1 betreibt, ihn also voll gegenkoppelt. Jeweils gleiche R- und C-Werte vorausgesetzt, gilt für die obere Grenzfrequenz des Tiefpasses 2. Ordnung nach *Bild 10.7* der Ausdruck

$$f_g = 0{,}6436 \cdot \frac{1}{2\pi \cdot R \cdot C}.$$

So ist zum Beispiel bei $R = 11\ k\Omega$ und $C = 47\ nF$

$$f_g = 0{,}6436 \cdot \frac{1}{6{,}28 \cdot 11 \cdot 10^3\ \Omega \cdot 47 \cdot 10^{-9}\ F} = 200\ Hz.$$

Der Knick im Übergang zwischen Durchlaß- und Sperrbereich ist bei diesem Filter weniger scharf ausgeprägt als bei einem Tiefpaß mit kritischer Dämpfung.

10.4 Tiefpaß 2. Ordnung nach Butterworth

Bei einem Tiefpaß 2. Ordnung mit Butterworth-Charakteristik nach *Bild 10.8* wird vorausgesetzt, daß der Kondensator C_2 mindestens doppelt so groß ist wie der Kondensator C_1. Es lassen sich dann die Widerstände wie folgt berechnen:

$$R_1 = \frac{1{,}4142 \cdot C_2 - \sqrt{2 \cdot C_2^2 - 4 \cdot C_1 \cdot C_2}}{4\pi \cdot f_g \cdot C_1 \cdot C_2}$$

$$R_2 = \frac{1{,}4142 \cdot C_2 + \sqrt{2 \cdot C_2^2 - 4 \cdot C_1 \cdot C_2}}{4\pi \cdot f_g \cdot C_1 \cdot C_2} = 1{,}86 \cdot R_1.$$

10.4 Tiefpaß 2. Ordnung nach Butterworth

10.7 Tiefpaß 2. Ordnung

10.8 Tiefpaß 2. Ordnung nach Butterworth

10.9 Hochpaß 2. Ordnung

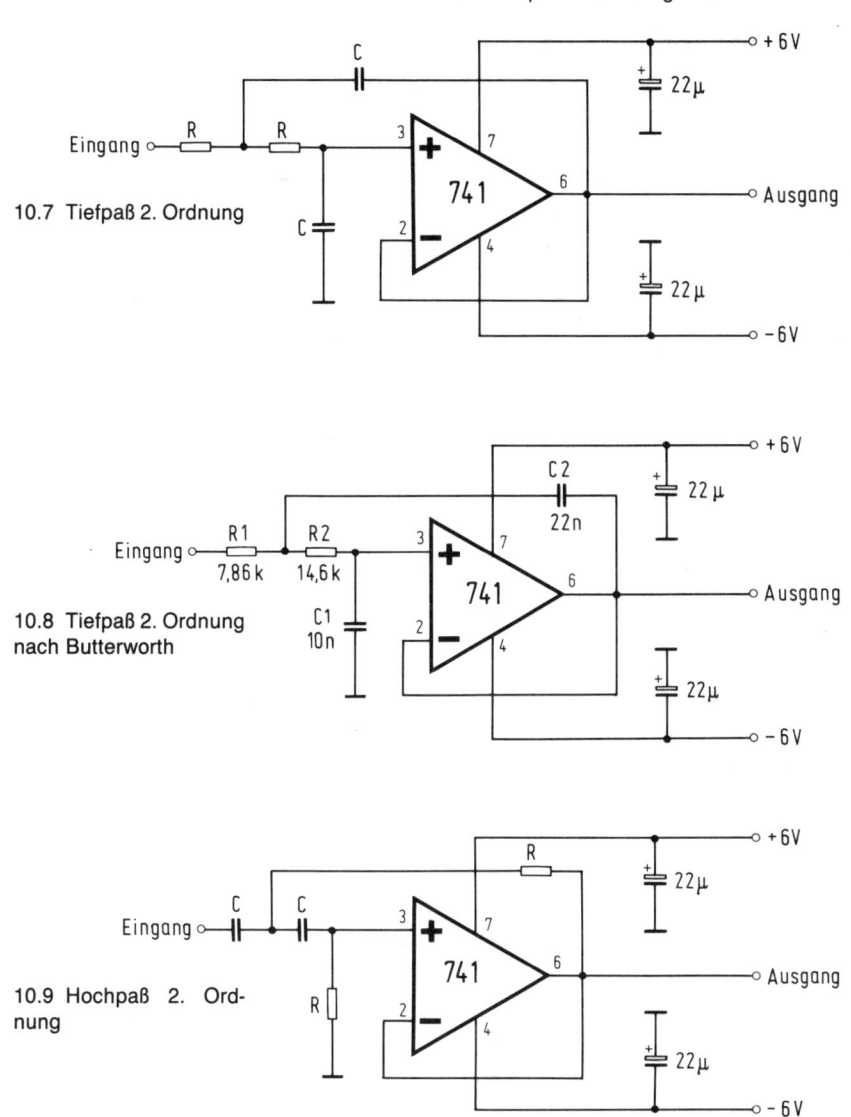

Als Beispiel sei angenommen, es werde eine obere Grenzfrequenz f_g von 1 kHz benötigt, wobei C_1 10 nF betragen möge und C_2 22 nF. Dann ergibt sich R_1 zu 7,86 kΩ und R_2 zu 14,6 kΩ.

131

10 Aktive Filter

10.5 Hochpaß 2. Ordnung

Die untere Grenzfrequenz des Hochpasses 2. Ordnung in *Bild 10.9* errechnet sich zu

$$f_g = 1{,}55 \cdot \frac{1}{2\pi \cdot R \cdot C}.$$

So ist bei R = 24,7 kΩ und C = 0,1 µF

$$f_g = 1{,}55 \cdot \frac{1}{6{,}28 \cdot 24{,}7 \cdot 10^3\,\Omega \cdot 0{,}1 \cdot 10^{-6}\,F} = 100\ \text{Hz}.$$

Bei Frequenzen in der Größenordnung von einigen Kilohertz ist das Filter aussteuerbar bis zu einer Ausgangsspannung von 5 V_{ss}, was eine gleich große Eingangsspannung voraussetzt. Die obere Grenzfrequenz beträgt aufgrund der Daten des Operationsverstärkers etwa 300 kHz. Der Knick im Übergang zwischen Durchlaß- und Sperrbereich ist weniger scharf ausgeprägt als bei einem Hochpaß mit kritischer Dämpfung.

10.6 Hochpaß 2. Ordnung nach Butterworth

Bei dem Hochpaß 2. Ordnung mit Butterworth-Charakteristik in *Bild 10.10* werden für beide Kondensatoren gleiche Kapazitätswerte benutzt. Unter dieser Voraussetzung errechnen sich die Widerstände wie folgt:

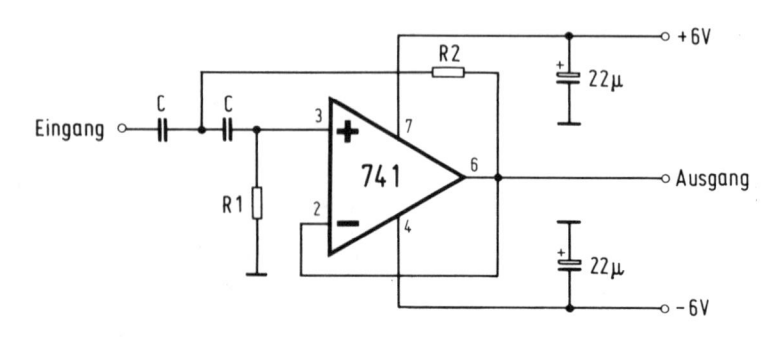

10.10 Hochpaß 2. Ordnung nach Butterworth

$$R_1 = 1{,}4142 \cdot \frac{1}{2\pi \cdot f_g \cdot C}$$

$$R_2 = 0{,}7071 \cdot \frac{1}{2\pi \cdot f_g \cdot C} = 0{,}5 \cdot R_1$$

Wird beispielsweise eine untere Grenzfrequenz von 1 kHz benötigt und bemißt man die Kondensatoren zu je 15 nF, so ergibt sich für R_1 ein Wert von 15 kΩ und für R_2 ein solcher von 7,5 kΩ.

10.7 Tiefpaß 3. Ordnung nach Bessel

Bild 10.11 zeigt die Schaltung eines Tiefpasses 3. Ordnung mit Bessel-Charakteristik und einer oberen Grenzfrequenz von 1 kHz. Es sind drei gleiche Widerstände R vorhanden, deren Werte willkürlich zu je 10 kΩ gewählt wurden. Zur Berechnung der Kondensatoren C_1-C_3 ist zunächst diejenige Kapazität zu bestimmen, die für ein passives Filter 1. Ordnung mit der Grenzfrequenz 1 kHz bei R = 10 kΩ benötigt würde. Diese ergibt sich zu

$$C = \frac{1}{2\pi \cdot f_g \cdot R} = \frac{1}{6{,}28 \cdot 1 \cdot 10^3 \text{ Hz} \cdot 10 \cdot 10^3 \Omega} = 15{,}92 \text{ nF}.$$

Nun werden die Werte von C_1-C_3 wie folgt ermittelt:

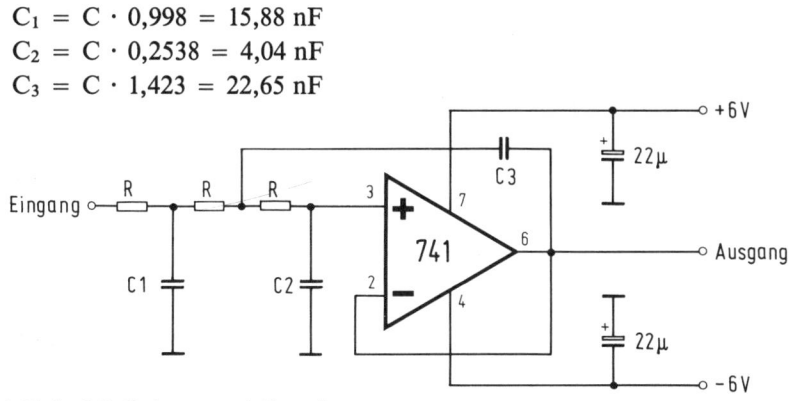

$C_1 = C \cdot 0{,}998 = 15{,}88$ nF
$C_2 = C \cdot 0{,}2538 = 4{,}04$ nF
$C_3 = C \cdot 1{,}423 = 22{,}65$ nF

10.11 Tiefpaß 3. Ordnung nach Bessel

10 Aktive Filter

Eine Messung ergab, daß das Filter bei einer Speisespannung von ±4 V bis zu einer Ausgangsspannung von 4 V_{ss} aussteuerbar ist, bezogen auf eine Frequenz von 100 Hz.

10.8 Bandpaß 2. Ordnung

Schaltet man einen passiven Hochpaß und einen passiven Tiefpaß hintereinander, so entsteht ein ebensolcher Bandpaß *(Bild 10.12)*. Die Reihenfolge dabei ist beliebig. Der Durchlaßbereich wird durch die beiden Grenzfrequenzen bestimmt. In jedem Fall muß natürlich die Grenzfrequenz des Hochpasses kleiner sein als die des Tiefpasses *(Bild 10.13)*.

Ein Sonderfall des passiven Bandpasses liegt dann vor, wenn zwei gleiche Widerstände und zwei gleiche Kondensatoren gemäß *Bild 10.14* zu einer Wien-Halbbrücke zusammengeschaltet werden (vgl. Kap. 5.6). Ein solches Filter zeigt das Verhalten eines Schwingkreises kleinerer Güte und besitzt die Resonanzfrequenz

$$f_o = \frac{1}{2\pi \cdot R \cdot C}.$$

Seine Durchlaßkurve ist in *Bild 10.15* wiedergegeben. Die Ausgangsspannung beträgt bei Resonanz ein Drittel der Eingangsspannung.

Grundsätzlich kann man einen Bandpaß auch mit Filtern höherer Ordnung aufbauen. So sind in dem Beispiel *Bild 10.16* ein Hochpaß 2. Ordnung und ein ebensolcher Tiefpaß in Serie geschaltet. Sie stellen zusammen einen Bandpaß der gleichen Ordnungszahl dar (vgl. Kap. 10.5 und Kap. 10.3).

In *Bild 10.17* ist die Schaltung eines Bandpasses 2. Ordnung mit nur einem Operationsverstärker angegeben, dessen Resonanzfrequenz sich wie bei dem Filter nach Bild 10.14 zu

$$f_o = \frac{1}{2\pi \cdot R \cdot C}$$

errechnet. Die Durchlaßkurve selbst wird vom Verhältnis der Widerstände R_1 und R_2 bestimmt und verläuft um so steiler, je mehr sich der Wert des Ausdrucks

10.12 Einfacher Bandpaß / **10.8 Bandpaß 2. Ordnung**

10.13 Frequenzgang eines Bandpasses

Grenzfrequenz Hochpaß — Grenzfrequenz Tiefpaß

10.14 Wien-Halbbrücke

10.15 Frequenzgang einer Wien-Halbbrücke

0,33 bei f_0

Hochpaß 2. Ordnung — Tiefpaß 2. Ordnung

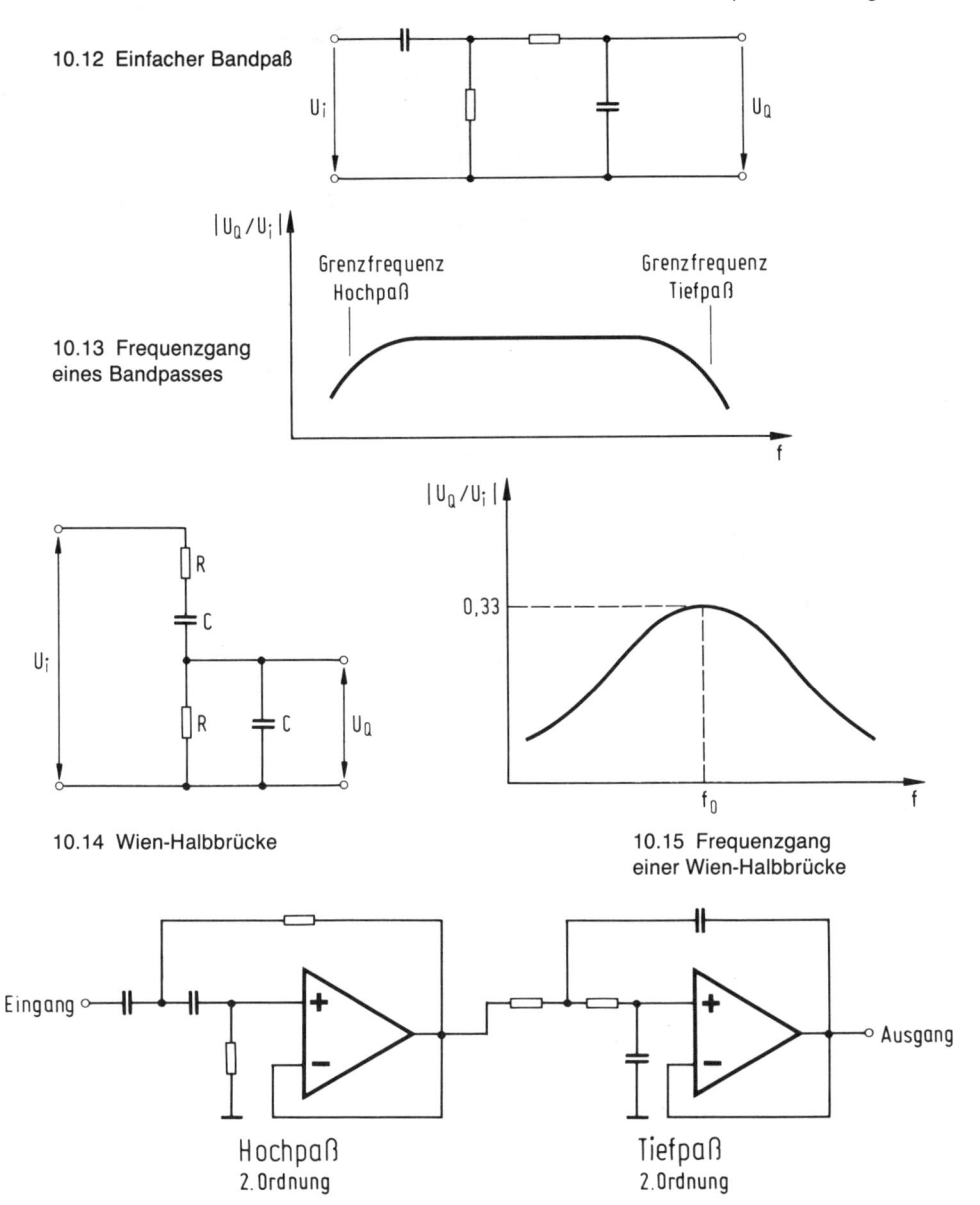

10.16 Bandpaß 2. Ordnung

10 Aktive Filter

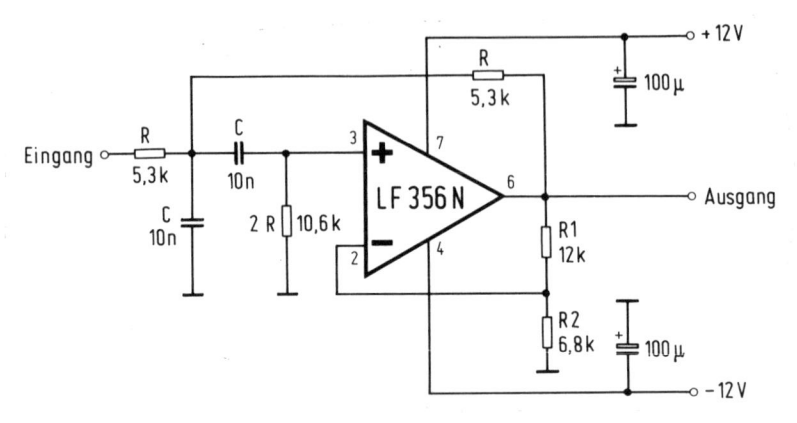

10.17 Bandpaß 2. Ordnung mit nur einem Operationsverstärker

$$a = 1 + \frac{R_1}{R_2}$$

der Zahl 3 nähert. Erreicht bzw. überschreitet a den Wert 3, so gerät die Schaltung ins Schwingen.

Die Filtergüte ergibt sich zu

$$Q = \frac{1}{3 - a},$$

die Verstärkung, bezogen auf f_o, zu

$$v = \frac{a}{3 - a}.$$

Mit den im Schaltbild angegebenen R- und C-Werten beträgt die Resonanzfrequenz f_o 3 kHz, die Größe a 2,76, die Güte Q 4,2 und die Verstärkung v 11,5. Die untere Grenzfrequenz wurde meßtechnisch zu 2,7 kHz ermittelt, die obere zu 3,44 kHz, wobei sich die Eingangsspannung auf 1 V_{ss} belief.

Einfacher im Aufbau, aber weniger einfach in der Berechnung ist der Bandpaß 2. Ordnung nach *Bild 10.18*. Für die Resonanzfrequenz f_o, die Verstärkung v, die Güte Q und die Bandbreite B gelten nachstehende Formeln:

$$f_o = \frac{1}{2\pi \cdot C} \cdot \sqrt{\frac{R_1 + R_2}{R_1 \cdot R_2 \cdot R_3}}$$

10.8 Bandpaß 2. Ordnung

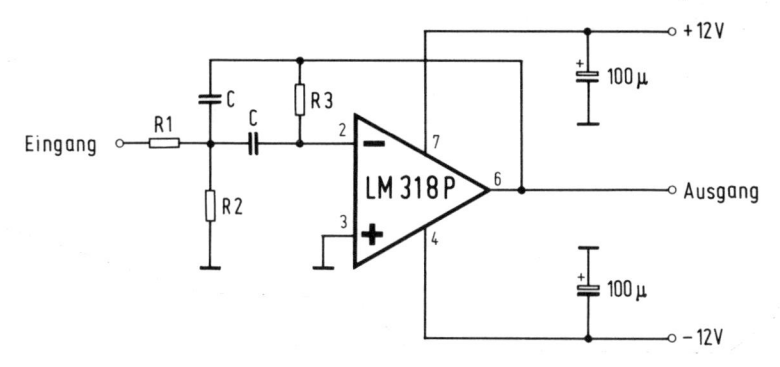

10.18 Bandpaß 2. Ordnung in vereinfachter Schaltungsweise

$$v = \frac{R_3}{2 \cdot R_1}$$

$$Q = \pi \cdot R_3 \cdot C \cdot f_o$$

$$B = \frac{1}{\pi \cdot R_3 \cdot C}$$

Vor der eigentlichen Berechnung des Passes ist für f_o, v, Q und C jeweils ein Wert festzusetzen. Als Beispiel sei von folgenen Zahlen ausgegangen:

f_o = 100 Hz
v = 10
Q = 25
C = 0,5 μF

Nun wird zunächst der Widerstand R_3 berechnet. Hier gilt die Gleichung

$$R_3 = \frac{Q}{\pi \cdot f_o \cdot C} = \frac{25}{3,14 \cdot 100 \text{ Hz} \cdot 0,5 \cdot 10^{-6} \text{ F}} = 160 \text{ k}\Omega.$$

Daraus ergibt sich der Widerstand R_1 zu

$$R_1 = \frac{R_3}{2 \cdot v} = \frac{160 \text{ k}\Omega}{2 \cdot 10} = 8 \text{ k}\Omega,$$

der Widerstand R_2 zu

$$R_2 = \frac{v \cdot R_1}{2 \cdot Q^2 - v} = \frac{10 \cdot 8000 \ \Omega}{2 \cdot 625 - 10} = 64,5 \ \Omega$$

10 Aktive Filter

und die Bandbreite B zu

$$B = \frac{1}{\pi \cdot R_3 \cdot C} = \frac{1}{3{,}14 \cdot 160 \cdot 10^3 \, \Omega \cdot 0{,}5 \cdot 10^{-6} \, F} = 4 \, Hz.$$

Die untere Grenzfrequenz beträgt somit 98 Hz, die obere 102 Hz. Alle errechneten Werte wurden bei einer Eingangsspannung von 1 V_{ss} durch Messungen annähernd bestätigt. Die Toleranzen der Widerstände und Kondensatoren sollten höchstens ±1 % betragen.

Bei den gleichen R-Werten wie oben genannt, jedoch mit C-Werten von je 10 nF, ergibt sich rechnerisch eine Resonanzfrequenz von 5 kHz. Eine Messung erbrachte nahezu das gleiche Ergebnis. Die Verstärkung betrug hier jedoch nicht mehr 10, wie theoretische zu erwarten wäre, sondern nur noch 8. Dies ist darauf zurückzuführen, daß der OP wegen der starken Untersetzung des Eingangssignals durch die Widerstände R_1 und R_2 auch bei der jetzt höheren Frequenz f_o die gleich große Leerlaufverstärkung aufweisen müßte ($\geqslant 2 \cdot Q^2$), die er seinen Daten zufolge aber nicht ganz besitzt. Die Bandbreite wurde meßtechnisch zu etwa 340 Hz ermittelt.

10.9 Bandsperre

Ein Doppel-T-Filter nach *Bild 10.19* wirkt für seine Resonanzfrequenz

$$f_o = \frac{1}{2\pi \cdot R \cdot C}$$

als Sperre, läßt aber höhere und tiefere Frequenzen ohne Abschwächung passieren. Die ersteren nehmen dabei ihren Weg über die Kondensatoren C und C, die letzteren über die Widerstände R und R.

In *Bild 10.20* sind ein solches Filter und ein Operationsverstärker zu einer Bandsperre 2. Ordnung zusammengefaßt. Der Kondensator 2 · C liegt hier zwar nicht an Masse, sondern am Ausgang des Verstärkers. Dies ändert indessen nichts an der Wirkungsweise des Doppel-T-Filters, da bei der Resonanzfrequenz f_o die Ausgangsspannung U_Q zu Null wird. Das Verhalten der Schaltung ist damit das gleiche, als wäre der Kondensator 2 · C direkt mit Masse verbunden.

10.9 Bandsperre

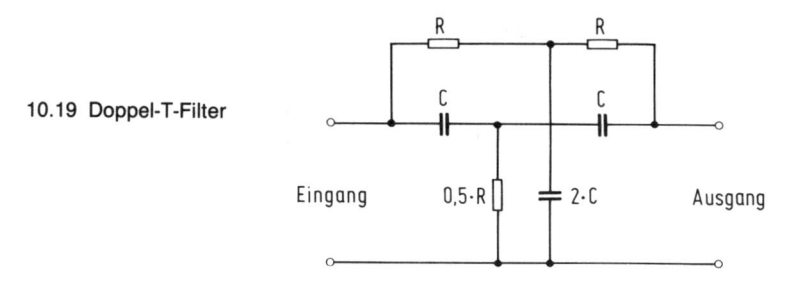

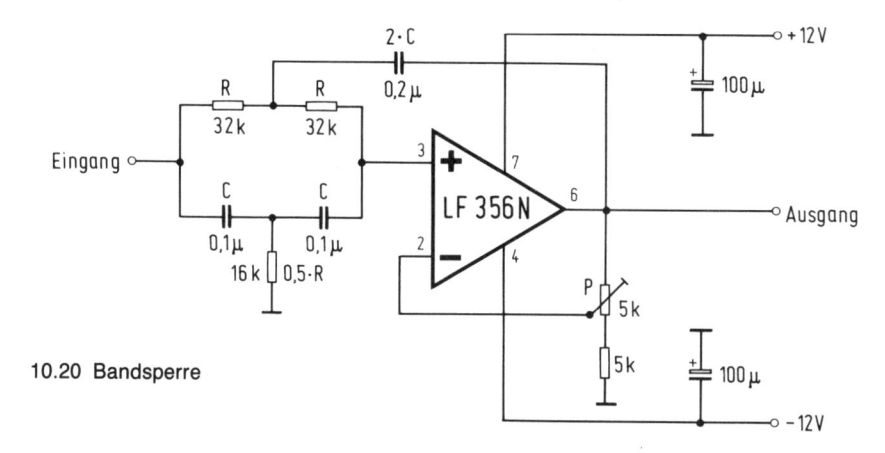

10.19 Doppel-T-Filter

10.20 Bandsperre

Der Verstärkungsfaktor des LF 356 N beträgt 1, wenn der Poti-Schleifer *oben* steht, und 2, wenn er in die *untere* Einstellung gebracht wird. Eine höhere Verstärkung ist nicht zulässig, da sonst die Bandsperre schwingt.

Mit den angegebenen R- und C-Werten beläuft sich die Resonanzfrequenz auf 50 Hz. Bei einer Sinus-Eingangsspannung von 4 V_{ss} und einer Verstärkung von v = 1 wurde für f_o eine Ausgangsspannung von 0,05 V_{ss} gemessen, bei v = 2 eine solche von 0,1 V_{ss}. Unter den gleichen Bedingungen ergab sich für die höheren und die tieferen Frequenzen eine Ausgangsspannungsamplitude von 4 V_{ss} bzw. von 8 V_{ss}. Dies bedeutet, daß bei v = 2 die Resonanzkurve wesentlich steiler verläuft als bei v = 1. So wurde bei der Verstärkung 2 eine Sperrbandbreite von etwa 8 Hz gemessen, bei der Verstärkung 1 eine solche von 80 Hz.

10.10 Selektiver Verstärker

Bei der Schaltung nach *Bild 10.21* ist ein Doppel-T-Filter in den Gegenkopplungszweig des Operationsverstärkers eingefügt. Es stellt für die Resonanzfrequenz f_o und die unmittelbaren Nachbarfrequenzen eine Sperre dar, für alle übrigen ist es durchlässig. Letztere werden daher stark gegengekoppelt und unterdrückt; die Resonanzfrequenz hingegen wird verstärkt.

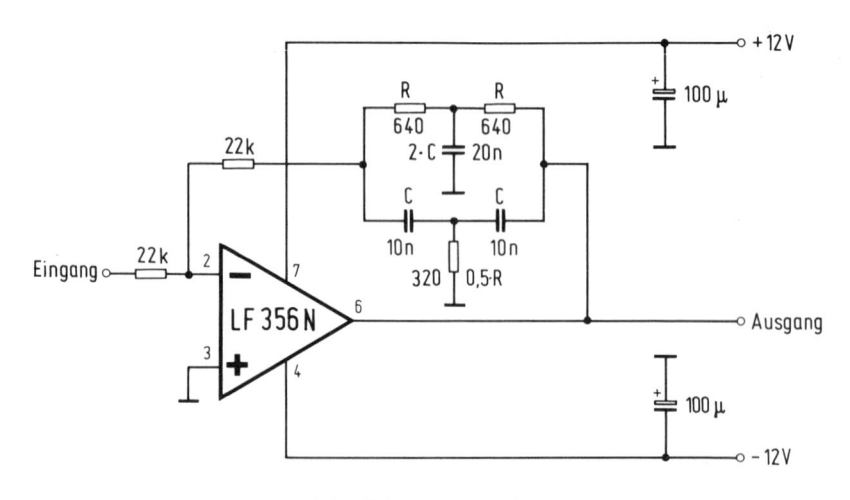

10.21 Selektiver Verstärker

Mit der angegebenen Filterdimensionierung ergibt sich ein f_o-Wert von 25 kHz. Die untere Grenzfrequenz wurde zu 24,65 kHz gemessen, die obere zu 25,35 kHz. Der Gesamtverlauf der Durchlaßkurve ist in *Bild 10.22* dargestellt, wobei der Verstärkungsgrad für die Frequenz f_o ca. 160 und für die unterdrückten Frequenzen 1 beträgt. Die Schaltung arbeitet verzerrungsfrei bis zu einer Ausgangsspannung von 8 V_{ss}.

Theoretisch ist der Resonanzwiderstand des Doppel-T-Filters unendlich groß. Damit würde bei der Frequenz f_o eine Verstärkung erzielt, die der Leerlaufverstärkung des OP gleichkäme. Weil nun aber die R- und die C-Werte des Doppel-T-Gliedes in der Praxis nie von absoluter Genauigkeit sind, ist der Resonanzwiderstand entsprechend kleiner. Dies bedeutet eine gewisse Ge-

10.10 Selektiver Verstärker

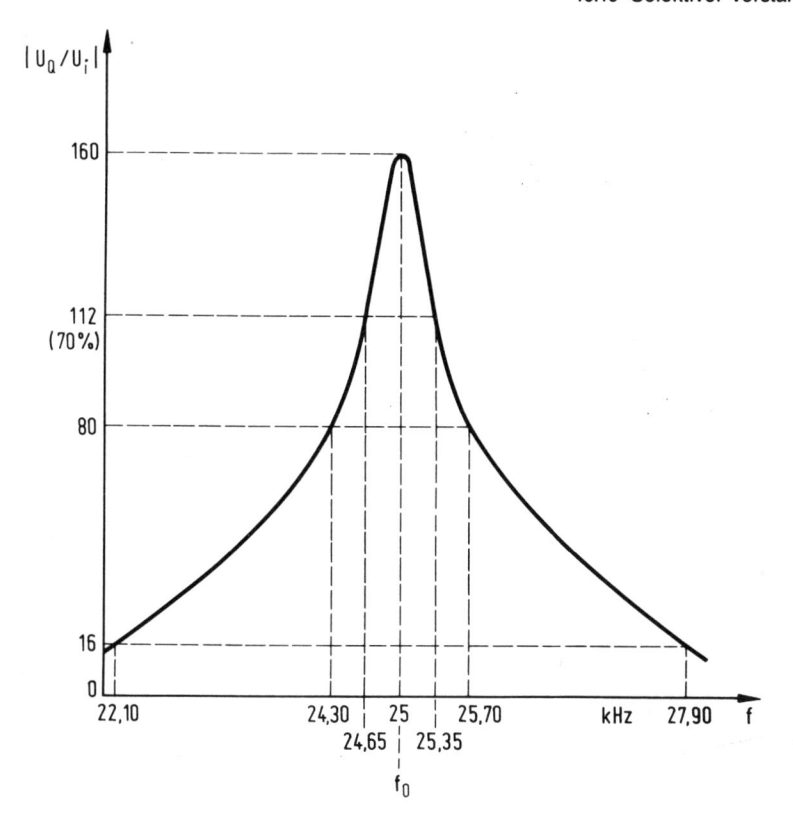

10.22 Durchlaßkurve des selektiven Verstärkers

genkopplung auch für die Frequenz f_o. Vom Verfasser wurden zum Bau des Filters Widerstände und Kondensatoren mit Toleranzen unter ±1 % benutzt.

Sachverzeichnis

A

Addierer, invertierend 114
— nichtinvertierend 115
Aktive Filter 125 ff
Alarmanlage 110 ff
Anschlußanordnung 11
Anstiegsgeschwindigkeit 14
Ausgangsstrom 13
Ausgangswiderstand 13

B

Bandpaß 2. Ordnung 134 ff
Bandsperre 138 f
Begrenzer 93 ff
— mit Ausgangssteuerung 93
— einstellbar 95
— mit Gegenkopplungssteuerung 94
— Präzisions- 96
Bessel-Filter, Tiefpaß 133
Biasstrom 13
Breitbandverstärker, invertierend 34 f
— — Verstärkungsfaktor 34
— nichtinvertierend 36 f
— — Verstärkungsfaktor 36
Butterworth-Filter, Hochpaß 132
— Tiefpaß 130

C

CMOS-Verstärker 39 f

D

dB-Tabelle 20
Dezibel 19
Differenzeingangsspannung 12
Differenzierer, invertierend 121 f
— nichtinvertierend 123 f
Differenzverstärker 31 ff
— Verstärkungsfaktor 32
DIL-Gehäuse 11
Doppel-T-Filter 138
Dreieck-Rechteck-Generator 88 ff
— mit CMOS-Baustein 90
— mit verbesserten Eigenschaften 89
Dual-In-Line-Gehäuse 11

E

Eingangsruhestrom 13
Eingangsspannung 12
Eingangswiderstand 13
Elektrometerverstärker 25, 37, 58
Elektronische Schalter 103 ff
Experimentier-Aufbau 16

Sachverzeichnis

F

FET-Eingang, Eingangswiderstand 37
— Grenzfrequenz 38
— Verstärker mit 37 f
Filter, aktive 125 ff
Frequenz/Spannungs-Wandler 70 f

G

Grenzdaten 12
Grenzfrequenz bei Spannungsfolger 27
— rauscharmem Vorverstärker 43

H

Hochpaß 1. Ordnung 128 ff

I

Impedanzwandler 26
Integrierer, invertierend 117 ff
— nichtinvertierend 120 f

K

Kenndaten 13
Kleinleistungsverstärker 41 ff
Komparator 86, 108

L

LC-Oszillator 78
Leerlauf-Stromaufnahme 13
Leerlaufverstärkung 13
Leitungsverstärker 46 ff
— Bandbreite 48

— Quellenwiderstand 48
Lochrasterplatte 16
Lötpunkt-Lochrasterplatte 16

M

Meßgleichrichter 53 ff
— invertierend 54
— nichtinvertierend 53
— — Frequenzbereich 54
— Vollweg- 55 ff
Meßschaltungen 53 ff
Mikroamperemeter 60
Miller-Integrator 101
Millivoltmeter 59
Multivibrator 74

N

NF-Verstärker 41 ff

O

Offsetspannung 13
Offsetstrom 13
Oszillatoren 74 ff

P

Präzisionsbegrenzer 96
Prellfreier Schalter 112 f

Q

Quarzoszillator 81

R

Rauscharmer Vorverstärker 41
Rauschspannung 41

143

Sachverzeichnis

Rechenschaltungen 114 ff
Rechteckgenerator 76
Ruhestrom 13

S

Sägezahngenerator 87
Schalter, elektronische 103 ff
— prellfrei 112 f
Schmitt-Trigger, invertierend 103 ff
— nichtinvertierend 106 ff
Selektiver Verstärker 140
Sinusgenerator 83 ff
Spannungsfolger 26 ff
Spannungs/Frequenz-Wandler 66 ff
Spannungs/Strom-Wandler 64 f
— für geerdeten Lastwiderstand 65
Spannungswächter 109
Speisespannung 12
Standardgehäuse 11
Strom/Spannungs-Wandler 62 f
Stromversorgung 18
Stromwächter 110
Subtrahierer 116

T

Taktgenerator 75
Tastverhältnis, einstellbar 76
Temperaturmeßgerät 72 f
Temperatur/Spannungs-Wandler 72 f
Tiefpaß 1. Ordnung 125 ff
Tiefpaß 2. Ordnung 130 f
Tiefpaß 3. Ordnung 133
Timer s. Zeitgeber

U

Umgebungstemperaturbereich 13

V

Verstärker 22 ff
— 7 W 48 ff
— 12 W 50 ff
— invertierend 30 ff
— — Grenzfrequenz 30
— — Verstärkungsfaktor 30
— nichtinvertierend 22
— — Eingangswiderstand 25
— — Grenzfrequenz 23
— — Verstärkungsfaktor 22
— selektiver 140
Verstärkungsbandbreite-Produkt 13
Vollweg-Meßgleichrichter 55 ff
Voltmeter mit Elektrometerverstärker 58
Vorverstärker 41
— mit Höhen- und Tiefeneinstellung 44 ff

W

Wechselspannungsverstärker 28
Wien-Halbbrücke 134
Wien-Robinson-Brücke 83
Wischimpulsrelais 99

Z

Zehnerpotenzentabelle 21
Zeitgeber 99 ff
Zeitglied mit Komparator 100
— mit Miller-Integrator 101